DIE HAUPTPROBLEME DER MODERNEN ASTRONOMIE

VERSUCH EINER GEMEINVERSTÄNDLICHEN EINFÜHRUNG IN DIE ASTRONOMIE DER GEGENWART

VON

ELIS STRÖMGREN

AUS DEM SCHWEDISCHEN ÜBERSETZT
UND IN EINIGEN PUNKTEN ERGÄNZT
VON

WALTER E. BERNHEIMER

MIT 31 ABBILDUNGEN IM TEXT
UND AUF 2 TAFELN

Springer-Verlag Berlin Heidelberg GmbH
1925

ISBN 978-3-642-89270-7   ISBN 978-3-642-91126-2 (eBook)
DOI 10.107/978-3-642-91126-2

Vorwort.

Den Versuch einer gemeinverständlichen Einführung in die Astronomie der Gegenwart habe ich dieses Büchlein genannt.

Es könnte vielleicht als überflüssig angesehen werden, gerade jetzt, kurz nach dem Erscheinen einer ganzen Reihe ausgezeichneter populär-astronomischer Werke in deutscher Sprache, ein solches Buch herauszugeben. Ich habe mir aber bei der Abfassung dieses kleinen Werkes eine ganz bestimmte Aufgabe gestellt.

Die populär-astronomische Literatur der letzten Jahre verfolgt durchweg das Ziel, Kenntnisse über die modernen und modernsten Gebiete der Astronomie zu verbreiten. Es kann nicht geleugnet werden, daß in Verfolgung dieses lobenswerten Zieles und im berechtigten Stolze über die gewaltigen Errungenschaften der jüngsten Vergangenheit auf den Gebieten der Stellarastronomie und Astrophysik oft eine gewisse Einseitigkeit entstanden ist und so die klassischen Zweige der Astronomie mehr oder weniger vernachlässigt wurden.

So wie gerade Stellarastronomie und Astrophysik die Arbeiten der jetzigen Astronomengeneration kennzeichnen und in hohem Grade beherrschen, ebenso wird auch das wißbegierige große Publikum durch die Literatur der letzten Jahre fast ausschließlich auf diese Wissensgebiete eingestellt.

Hier sollte nun der Versuch gemacht werden, ein Buch geringen Umfanges zu schreiben, das den klassischen und modernen Zweigen der Astronomie zu gleichem Rechte verhilft. Ich habe mich also bemüht, in gemeinverständlicher Form ein Bild vom gegenwärtigen Stande nicht nur der Stellarastronomie und Astrophysik, sondern auch der Himmelsmechanik und der messenden Astronomie zu geben, ohne dabei irgendeinen Teil unserer erhabenen Wissenschaft zu bevorzugen oder zu vernachlässigen. Ganz besonders würde es mich freuen, wenn es mir gelungen sein sollte, das Kapitel über Himmelsmechanik so zu gestalten, daß es imstande wäre, einem größeren Leserkreise einiges von den verborgenen Schönheiten dieser Wissenschaft zu enthüllen. Es ist meine Absicht, später in einem größeren Werke dieses Thema ausführlicher zu behandeln.

Die Grundlage dieses Büchleins bildet meine Schrift „Astronomien under det 19:de Århundradet" (die Astronomie des 19. Jahrhunderts), die als Teil des großen Werkes „Det nittonde Århundradet" (Norstedt, Stockholm und Gyldendal, Kopenhagen) erschienen ist. Der Übersetzer hat auf meine Anregung hin den Text an einigen Stellen ergänzt, so z. B. die Abschnitte über Sonne, Planeten und Veränderliche neu hinzugefügt. Auch die Zahl der Abbildungen ist in der deutschen Ausgabe wesentlich vermehrt.

Das große Milchstraßenbild wurde von Herrn Geheimrat *M. Wolf* in Heidelberg zur Verfügung gestellt, wofür ihm auch an dieser Stelle herzlichst gedankt sei.

Kopenhagen, Mai 1925.

Elis Strömgren.

Inhaltsverzeichnis.

Einleitung.

Man pflegt das 19. Jahrhundert als das Jahrhundert der Naturwissenschaft zu bezeichnen. Wollte man diese Bezeichnung auch auf die Astronomie, eine Wissenschaft mit so uralten Ahnen, anwenden, so wäre dies nicht zutreffend. Ungeachtet all des Neuen und Epochemachenden, das die Astronomie dem 19. Jahrhundert zu verdanken hat, sind in der Geschichte dieser Wissenschaft doch Zeitabschnitte gewesen, denen man eine ebenso große Bedeutung zuerkennen muß, wie dem vergangenen Jahrhundert: so dem Altertum — vor allem der alexandrinischen Periode — dem Zeitalter von *Tycho Brahe, Kopernikus, Kepler* und schließlich der *Newton*schen Epoche. Es ist aber nicht undenkbar, daß zukünftige Geschlechter die ersten Jahrzehnte des 20. Jahrhunderts als die Jahrzehnte der Astronomie bezeichnen werden. Dies wohl nicht allein wegen der neuen Forschungsmethoden, die das beginnende 20. Jahrhundert der Astronomie geschenkt hat, sondern vor allem aus dem Grunde, weil es erst in diesen zwei Jahrzehnten der Astronomie geglückt ist, aus den umwälzenden neuen Methoden des 19. Jahrhunderts — der Spektralanalyse und der Himmelsphotographie — die vollen Konsequenzen zu ziehen.

Die Hauptprobleme.

Es bietet keine Schwierigkeit, die wesentlichen Züge
der astronomischen Forschung unserer Tage in wenigen
Worten zu kennzeichnen. Um uns eine kurze Übersicht zu
verschaffen, wollen wir die Probleme, die die moderne Astronomie beschäftigen, nach folgenden sieben Hauptgesichts-
punkten einteilen:

1. Die Bestimmung der scheinbaren Lage eines Gestirns am Himmelsgewölbe mit Hilfe von Meßinstru-
menten.

Dies ist eines der Hauptprobleme der Astronomie
unserer Tage und war es auch in gleichem Maße zu jeder
Zeit, soweit wir nur die Geschichte der Astronomie zurückverfolgen können. Das Prinzip der Methode ist heute dasselbe wie vor zweitausend Jahren: Ich messe am Himmelsgewölbe Winkel, welche die Stellung des Himmelskörpers,
dessen Lage ich bestimmen will, im Verhältnis zu einem
oder mehreren bekannten Fixsternen angeben. Solche Fixsterne mit genau bestimmter Position haben die Astronomen
unserer Tage in ihren Katalogen zu Hunderttausenden,
rundum über den ganzen Himmel verteilt.

Das Prinzip der Methode zur Bestimmung der scheinbaren Lage der Gestirne am Himmelsgewölbe stammt, wie
gesagt, aus uralten Zeiten, und viele der modernen In-
strumententypen für astronomische Vermessungen rühren aus
dem 18. Jahrhundert her; das 19. Jahrhundert hat aber
Hilfsapparate eingeführt, durch welche die Beobachtungs-

Ab. 1. Der Meridiankreis der Sternwarte Berlin-Babelsberg (*Pistor und Martins*).

1*

genauigkeit wesentlich gesteigert worden ist, anderseits aber auch gänzlich neue Methoden gebracht, vor allem anderen die Verfahren, welche auf der Ausmessung von photographischen Platten gegründet sind.

2. Habe ich heute die scheinbare Stellung eines Gestirns am Himmel festgestellt und wiederhole nun diese Beobachtung morgen, in einem Monat, in einem Jahr, in zehn Jahren oder später, so bin ich auf diese Weise imstande, die scheinbare Bewegung des betreffenden Himmelskörpers, seine Verschiebung am Himmelszelte, festzustellen. Hier teilt sich nun das Problem gleich in zwei: Einerseits in die Bestimmung der scheinbaren Bewegung von Körpern unseres Sonnensystems, die zwischen den einzelnen Beobachtungen nur Tage, Stunden, Minuten oder eine noch kürzere Zeit benötigt, andererseits in die Festlegung der scheinbaren Bewegung der sog. Fixsterne, Sternhaufen und Nebel, deren Bestimmung mit wenigen Ausnahmen erst nach Jahren, Jahrzehnten, Jahrhunderten oder nach noch längerer Zeit möglich ist. Schon in alten Zeiten war die erstere Aufgabe eines der Hauptprobleme der astronomischen Forschung; zur Lösung der anderen Aufgabe wurden die ersten tastenden Versuche in der Mitte des 18. Jahrhunderts unternommen, aber erst im 19. Jahrhundert gelangte dieser Zweig der Astronomie zu einer solchen Bedeutung, daß er nunmehr eine entscheidende Rolle für unsere Kenntnis vom Weltall spielt.

3. Die Erklärung der wirklichen Bewegungen der Himmelskörper im Raume beruht auf dem *Newton*schen *Gesetze*, dem Gesetze der Schwerkraft oder, wie man es auch zu bezeichnen pflegt, dem Gesetze der Anziehung. Das Zeitalter *Galileis* am Beginne des 17. Jahrhunderts hat die einfachsten mechanischen Gesetze für die Bewegungen der

Abb. 2. Der große Refraktor des Potsdamer Astrophysikalischen Observatoriums *(Repsold-Steinheil)*.

Körper festgelegt und damit auch für diesen Forschungs-
zweig der Astronomie die Grundlagen geschaffen. Aber
erst durch das Newtonsche Gesetz ist den Astronomen die
Zauberformel geschenkt worden, die die Lösung der Probleme der Himmelsmechanik ermöglicht hat.

4. Die Untersuchungen über das Aussehen der
Himmelskörper wurden hauptsächlich erst mit der
Erfindung des Fernrohres (Anfang des 17. Jahrhunderts)
ein astronomisches Problem. Die Himmelskörper erscheinen nämlich — abgesehen von Sonne, Mond und
einem Teile der Kometen — dem bloßen Auge nicht genügend ausgedehnt, daß sie sich auf Details ihrer Oberfläche untersuchen ließen. Die Photographie, ein Kind
des 19. Jahrhunderts, hat hier der Astronomie unschätz-
bare Dienste erwiesen. Das Studium der Oberflächen der
Himmelskörper beschränkt sich aber auch heute noch auf
die Mitglieder des Sonnensystems und die Nebel. Die Fixsterne erscheinen auch im größten Fernrohre nur als Punkte
ohne Details.

5. Die Photometrie der Gestirne. Die Beobachtung
der Helligkeit der Himmelskörper und vor allem die Erforschung der Änderungen ihrer Helligkeit ist der Hauptsache nach erst ein Problem des 19. und 20. Jahrhunderts
geworden.

6. Untersuchungen über den physikalischen Zu-
stand und die chemische Zusammensetzung der Gestirne.
Hier ist es, wie alle wissen, die Spektralanalyse, welche die
Astronomie revolutioniert hat.

7. Die moderne Stellarastronomie umfaßt die
Forschung über den Aufbau und die Dimensionen des Stern-
systems, die Bewegungsverhältnisse der Gestirne, ihre
Größe, Masse und Entwicklungsgeschichte. Die Stellar-

astronomie kann man als ein Kind des Zeitalters von *Herschel* bezeichnen; aber erst in den allerletzten Jahrzehnten ist sie stark emporgeblüht und in den Stand gesetzt worden, an die wahrhaft großen Probleme unserer Wissenschaft heranzugehen.

Abb. 3. Das Hooker-Spiegelteleskop am Mt. Wilson (Californien). Derzeit das größte Fernrohr der Welt mit einem Spiegeldurchmesser von $2^1/_2$ m.

Astrometrie.
Die Lehre von den Messungen am Himmelsgewölbe.

Die Hauptinstrumente in der messenden Astronomie des 19. Jahrhunderts sind folgende: Der Meridiankreis (Abb. 1), das Heliometer und der Refraktor in der sog. äquatorialen Aufstellung (Abb. 2). Nach Einführung der Photographie in die Sternkunde kam auch der seinerzeit von *William Herschel* mit großem Erfolge verwendete Reflektor (Spiegelteleskop) wieder zu Ehren und spielt nunmehr in der astronomischen Forschung des gegenwärtigen Jahrhunderts, ganz besonders auf den großen amerikanischen Sternwarten, eine bedeutende Rolle (Abb. 3).

Meridianbeobachtungen.

Der Meridiankreis wurde von *Olaus Römer* erfunden; im 19. Jahrhundert wurde seine Konstruktion verfeinert, vor allem in der berühmten Werkstätte von *Repsold* in Hamburg. Abb. 1 zeigt uns solch einen modernen Meridiankreis. Das Prinzip der Bestimmung des Ortes eines Himmelskörpers in bezug auf einen oder mehrere bekannte Sterne mit Hilfe des Meridiankreises versteht man leicht an der Hand der Abb. 4. Sie zeigt uns das Gesichtsfeld des Instrumentes, wie es dem Beobachter erscheint: Ein im Okular-

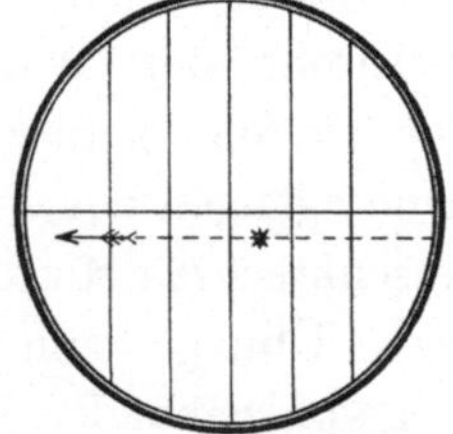

Abb. 4. Durchgang eines Sterns durch das Gesichtsfeld des Fernrohrs.

teil (Mikrometer) gespanntes dünnes Fadennetz, ferner einen Stern, der zufolge der täglichen scheinbaren Drehung des Himmelsgewölbes zu wandern scheint, also auf der einen Seite in das Gesichtsfeld eintritt, auf der anderen dasselbe wieder verläßt. Man mißt nun den Bogen am Himmel zwischen zwei Sternen in der Richtung von oben nach unten (den Unterschied in Deklination) durch Ablesen auf einem der fein eingeteilten großen Kreise, die man am Instrumente sieht (Abb. 1). Zu diesem Zwecke stellt man das Instrument so ein, daß zuerst der eine, und dann der andere Stern bei dem Durchgange durch das Gesichtsfeld genau auf dem horizontalen Faden wandert und liest sodann am großen Kreise ab, wieweit man gezwungen war, das Instrument zu drehen, um von dem einen zu dem anderen Stern zu kommen. In ganz anderer Weise wird der Unterschied in der Richtung von rechts nach links gemessen — so wie das Instrument aufgestellt ist, entspricht dies dem Unterschied der Richtung von Westen nach Osten — oder wie man es auch zu bezeichnen pflegt, dem Rektaszensionsunterschied. Hier ist der Vorgang der folgende: Mit Hilfe einer Uhr, deren Sekundenschläge der Beobachter hört, während er im Fernrohr der Wanderung des Sternes durch das Gesichtsfeld folgt, kann er die Zeiten bestimmen, die zwischen den Durchgängen der einzelnen Sterne durch ein und denselben senkrechten Mikrometerfaden verstreichen. Mit einer gewissen Übung kann man diese Zeitunterschiede auf Zehntel von Sekunden einschätzen.

Im Jahre 1848 haben die Amerikaner *W. C. Bond* und *S. C. Walker* für solche Beobachtungen ein registrierendes Hilfsinstrument eingeführt, das unter dem Namen elektrischer Chronograph bekannt ist. Dieses Instrument ist eigentlich

ein Telegraphenapparat, durch den ein schmaler Papierstreifen läuft (System Morse). Auf diesem Streifen schreiben
zwei Federn, jede für sich, fortlaufende Linien. Nun steht
die eine Feder mit der Hauptuhr des Beobachters auf solche
Weise in Verbindung, daß jeder Sekundenschlag sich als ein
Knick oder Haken auf der einen Linie einzeichnet (der
untere Teil der Abb. 5). Auf der anderen Linie (der oberen
der Abb. 5) macht dann der Beobachter mittels einer elektrischen Leitung, die vom Instrumente zum Chronographen

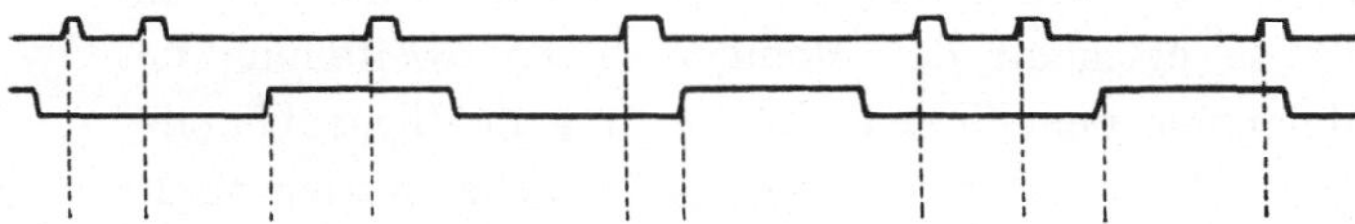

Abb. 5. Chronographenstreifen. Die gestrichelten vertikalen Linien
geben die Ecken an, die gemessen werden. Aus praktischen Gründen
wird von den Sekundensignalen nur jedes zweite gemessen, weil es
technisch sehr schwierig ist, die Sekunden alle gleichlang zu machen.
Wenn die Sekunden aber von zwei zu zwei gemessen werden, ist
die konstante Länge mit sehr großer Genauigkeit gewährleistet

führt, gewisse Marken, die, mit den Sekundenmarken auf
der unteren Linie verglichen, den Augenblick festlegen, in
welchem der Beobachter die einzelnen Sterne jeden der
senkrechten Fäden im Gesichtsfelde passieren sieht. Ist
die Beobachtung abgeschlossen, so braucht man also nur
die Momente der Sterndurchgänge, verglichen mit den
Sekundenmarken auf der anderen Linie, am Papierstreifen
abzulesen und bekommt damit den Unterschied in Rekt-
aszension zwischen den beobachteten Sternen.

Die Einführung des Chronographen zu astronomischen
Beobachtungen dieser Art bezeichnet einen sehr großen
Fortschritt, sowohl in Hinsicht auf Bequemlichkeit, wie
auch auf die Güte des Beobachtungsergebnisses. Nicht ge-

ringer war aber der Gewinn durch die Erfindung des Repsold-
schen sog. selbstregistrierenden Mikrometers (1889). Es
zeigte sich nämlich in der Praxis, daß die Durchgangs-
beobachtungen in der eben beschriebenen Weise mit einer
nicht unbedeutenden Unsicherheit behaftet waren, die im
wesentlichen durch Eigentümlichkeiten der betreffenden
Beobachter bedingt war. Es liegt dies vor allem darin,
daß verschiedene Beobachter den Augenblick, in dem der
Mittelpunkt eines im Gesichtsfeld wandernden Sternes
einen gewissen Faden passiert, nicht auf dieselbe Art auf-
fassen: so erscheint der Moment dieser Zweiteilung des
Sternbildchens dem einen Beobachter regelmäßig früher oder
später als dem anderen; dieser gefährliche systematische
Beobachtungsfehler ist auch von der Helligkeit des Sternes
(„Helligkeitsgleichung") und noch von anderen Umständen
abhängig.

Das selbstregistrierende Mikrometer von Repsold läßt
sich durch die Einrichtung eines im Mikrometer angebrachten
beweglichen Faden kennzeichnen, welchen der Beobachter
durch Drehen einer außen am Mikrometer befindlichen
Trommel im Gesichtsfelde von der einen zur anderen Seite
verschieben kann. Sobald nun ein Stern in das Gesichtsfeld
eintritt, so stellt der Beobachter den beweglichen Faden
auf diesen Stern ein und dreht dann während der ganzen
Zeit an der Trommel, damit der Faden dem Sterne auf
seinem Wege durch das Gesichtsfeld folgt. Da es sich in
diesem Falle nur darum handelt, den Stern so am Faden
zu halten, daß er stets vom Faden zweigeteilt werde und
zugleich dem Faden während des ganzen Durchganges
folge, vermeidet man den oben erwähnten gefährlichen
Fehler: Dieser bestand ja in der Schwierigkeit, entscheiden zu können, wann der Faden einen Stern, der sich

im Verhältnis zum Faden bewegt, zweiteilt. Die Beobachtung vollzieht sich nun in folgender Weise: In fester Verbindung mit der Trommel, die den Faden im Gesichtsfelde bewegt, steht eine Reihe von Kontakten, die einen zum Chronographen führenden elektrischen Strom schließen und öffnen. Der Apparat macht also selbst die Marken auf der oberen Linie des Papierstreifens — und zwar in dem Augenblicke, in welchem der Faden, mithin auch der Stern, bestimmte Punkte im Fernrohr passiert. Mit anderen Worten: wenn nur der Beobachter darauf achtet, daß der Faden die ganze Zeit hindurch dem Faden genauestens folgt, so notiert sozusagen der Stern selbst durch Vergleich mit den Sekundenmarken auf der anderen Linie die richtigen Zeitmomente seines Durchganges durch bestimmte Stellen des Gesichtsfeldes. Der Vergleich solcher Beobachtungen für verschiedene Sterne ergibt dann deren Rektaszensionsunterschiede.

Sternkataloge.

Man hat mit dem Meridiankreise, in der Art, wie wir ihn jetzt kennen gelernt haben, im Laufe der Zeit, insbesondere in der zweiten Hälfte des 19. Jahrhunderts, für mehrere Hunderttausend Fixsterne genaue Rektaszensionen und Deklinationen bestimmt.

Gilt es, Messungen der Lage von Himmelskörpern, bei denen die Genauigkeit nicht die allergrößte zu sein braucht (Planeten- und Kometenbeobachtungen), vorzunehmen, so bedient man sich einfacherer Methoden und in der Regel auch des — prinzipiell gesehen — einfacheren Instrumententyps, der als äquatorial aufgestellter Refraktor bezeichnet wird.

Die Sternkataloge älterer Zeiten (*Ptolemäus, Tycho Brahe* usw.) sind mit Zuhilfenahme noch einfacherer Instrumente ausgearbeitet worden. Ihre Zuverlässigkeit steht natürlich weit unter der Genauigkeit der Beobachtungen mit dem modernen Meridiankreise. So sind die Sternörter *Tycho Brahes* etwa auf eine Bogenminute unsicher, während den modernen Beobachtungen nur eine Unsicherheit von Bruchteilen einer Bogensekunde innewohnt. Die ältesten Kataloge umfassen im allgemeinen gegen 1000 Sterne. Es war erst dem 19. Jahrhundert vorbehalten, die Arbeiten in wirklich großem Stile aufzunehmen. Ein Standardwerk auf diesem Gebiete der Astronomie ist die von *Argelander* (Bonn) und seinen Mitarbeitern ausgearbeitete sog. Bonner Durchmusterung; dieser Katalog stützt sich auf Beobachtungen mit einem kleinen Refraktor und gibt die genäherten Örter für 450 000 Sterne im Gebiete vom Nordpole des Himmels bis zu 23 Grad südlich des Äquators. Unter den großen Sternkatalogen, die aus genauen Meridiankreisbeobachtungen hervorgegangen sind, steht in erster Linie der von der Astronomischen Gesellschaft entworfene und gegenwärtig nahezu vollendete sog. Zonenkatalog, der im selben Gebiete wie die Bonner Durchmusterung alle Sterne bis zur 9. Größenklasse (Helligkeitsklasse) enthält. An dieser großen Katalogarbeit hat eine ganze Reihe von Sternwarten mitgewirkt.

Ein noch umfangreicheres, bisher jedoch unvollendetes Unternehmen ist die sog. Carte du Ciel. Die Durchführung dieser Arbeit, bei der Frankreich eine führende Rolle zukommt, ist auch durch das Zusammenwirken einer großen Anzahl von Sternwarten ermöglicht. Der Plan umfaßt die Ausarbeitung eines Sternkataloges mit 3—4 Millionen Sternen bis ungefähr zur 11. Größenklasse und einer Sternkarte mit etwa 30 Millionen, also vorwiegend noch schwächeren Sternen. Das ganze Unternehmen stützt sich auf photographische Aufnahmen. Als besonders sorgfältig darf die Arbeit bei dem Katalog auf der Sternwarte Helsingfors (*Donner, Furuhjelm*) hervorgehoben werden.

Ein anderer sehr bedeutungsvoller, wenn auch weniger umfassender, photographischer Katalog ist der photographische Kap - Katalog von *Gill* und *Kapteyn*, der die genäherten Örter von etwas über 450 000 Sternen des Gebietes vom Südpol bis zu 19 Grad südlich des Himmelsäquators enthält.

Fundamentalsterne.

Für alle hier genannten Kataloge — sei es, daß sie auf Beobachtungen mit dem äquatorial aufgestellten Refraktor oder mit dem Meridiankreis beruhen, oder auch auf der Ausmessung photographischer Aufnahmen — stets erfolgt für sie die Bestimmung der Rektaszensionen und Deklinationen der Sterne durch Vergleich mit anderen Sternen, deren Lage bekannt ist.

Die Grundlage für alle derartigen Katalogarbeiten besteht deshalb in einem Gerüst möglichst genau bestimmter Sternörter, verteilt über den ganzen Himmel. Die Feststellung der Lage dieser Fundamentalsterne ist aus einer großen Anzahl von Beobachtungen vieler Sternwarten hervorgegangen; die Beobachtungen mußten sich über einen großen Zeitraum hin erstrecken, damit eventuelle Bewegungen dieser Gestirne am Himmel berücksichtigt werden konnten. Auch noch in einer anderen Beziehung unterscheidet sich die Festsetzung der Lage solcher „Fundamentalsterne“ von dem oben angedeuteten Verfahren: Man ist nämlich bei der Ausarbeitung des grundlegenden Systems der Sternörter gezwungen, Untersuchungen über eine ganze Reihe fundamentaler astronomischer Konstanten, wie Präzession, Neigung der Ekliptik gegen den Äquator usw. anzustellen. Näher auf dieses Gebiet einzugehen, würde uns aber zu weit führen.

Das Problem der Fundamentalsterne läßt sich soweit zurückverfolgen, als überhaupt die Astronomie den Rang einer Wissenschaft einnimmt. So haben sich in alter Zeit *Hipparch* und *Ptolemäus* damit beschäftigt, im Übergange zur neueren Zeit *Tycho Brahe*. Die wichtigsten Untersuchungen im letzten Jahrhundert über die Probleme, die mit den Fundamentalsternen im Zusammenhange stehen, wurden von *Bessel* in Königsberg ausgeführt — wohl einem der größten praktischen Astronomen aller Zeiten — dann von *Auwers* und den Amerikanern *Newcomb* und *Lewis Boss*. Aus den letzten Jahrzehnten sind auf diesem Gebiete *Cohn*, *Küstner*, *Bauschinger*, *Hough*, *Courvoisier*, *Grossmann* und die Sternwarten in Greenwich, Washington und Pulkova besonders zu erwähnen.

Die Mechanik des Himmels.

Die Erklärung der Bewegungen der Himmelskörper.

Genaue Ortsbestimmungen der Himmelskörper geben uns, wenn man sie wiederholt vornimmt, einen Aufschluß über die scheinbare Bewegung der Gestirne am Firmament. Wie man nun von der scheinbaren Bewegung der großen Planeten zur Erkenntnis ihrer wahren Bewegung im Raume gelangen kann, wissen wir von *Kopernikus* und *Kepler*, deren Entdeckungen dann im Laufe einer natürlichen Entwicklung in die *Newton*sche Epoche hinüberleiteten.

Die Probleme der Himmelsmechanik sind dem Newtonschen Gesetze, dem Gesetze von der Schwerkraft, entwachsen. Dieses Gesetz — oder diese Hypothese — besagt: Überall, wo es Masse gibt, dort gibt es auch Anziehung. In mathematischer Ausdrucksweise lautet das Gesetz folgendermaßen: Zwischen zwei Massenteilchen wirkt jederzeit eine Anziehungskraft, deren Stärke proportional ist dem Produkte der beiden Massen und umgekehrt proportional dem Quadrate des Abstandes der beiden Partikelchen voneinander. Wir können uns hier nicht mit der Modifizierung dieses Gesetzes beschäftigen, welche durch die *Einstein*sche Relativitätstheorie bedingt ist. Sie ist wohl vom Gesichtspunkte einer Erklärung der Gravitation von fundamentaler Bedeutung, spielt aber bei den konkreten astronomischen Problemen infolge der zahlenmäßigen Geringfügigkeit in den meisten Fällen entweder gar keine oder doch nur eine sehr untergeordnete Rolle.

Das Newtonsche Gesetz hat sich aus dem sog. Zweikörperproblem heraus entwickelt. *Kepler* hatte für die Bewegungen der Planeten um die Sonne aus den Beobachtungen von *Tycho Brahe* seine Lehrsätze hergeleitet, derer erster besagt: Jeder Planet läuft in einer elliptischen Bahn um die Sonne. Es zeigte dann *Newton*, daß alle diese Bewegungen zwanglos sich erklären lassen, wenn man nur das Vorhandensein der durch sein berühmtes Gesetz definierten Schwerkraft annimmt[1]).

Mit fortschreitender Verfeinerung der Vergleichsmöglichkeiten zwischen Theorie und Beobachtung erwuchs von selbst ein neues und beträchtlich weiter reichendes Problem: wie soll man die Bahnen der Planeten berechnen, wenn man nicht nur die zwischen der Sonne und jedem Planeten wirkende Anziehungskraft berücksichtigt, sondern auch die verhältnismäßig geringfügigen, aber immerhin stets vorhandenen Kräfte, die nach dem Newtonschen Gesetze wechselseitig unter den Planeten, von einem zum anderen, wirksam sind? Diese Frage führte in ihrer größten Allgemeinheit zur Aufstellung des berühmten Drei- oder eigentlich richtiger Mehrkörperproblems. Es befaßt sich damit, welche Bewegungszustände eine Anzahl Massen — drei oder mehrere — erhalten, wenn sie alle eine wechselseitige Anziehung nach dem Newtonschen Gesetze ausüben. In unserem Sonnensysteme herrschen nun aber ge-

---

[1]) Wie sich in ganz einfacher Weise die Art der Bewegungen der Planeten um die Sonne aus dem Newtonschen Gesetze herleiten läßt, ist z. B. im Büchlein des Verfassers Astronomische Miniaturen — Berlin: Julius Springer — im Kapitel über die Kometen angedeutet.

wisse Verhältnisse, die es ermöglichen, das Problem der Bewegungen der Planeten, Monde und Kometen wesentlich leichter zu lösen, als das Problem der Bewegungsverhältnisse im allgemeinen Drei- und Mehrkörperproblem. Für die Planeten liegt dieser vereinfachende Umstand darin, daß sie alle im Verhältnis zur Sonne sehr kleine Massen besitzen. Dies hat zur Folge, daß die Einwirkung, welche die Planeten aufeinander ausüben, jederzeit, verglichen mit der Anziehungskraft des Zentralkörpers, der Sonne, verhältnismäßig geringfügig ist. Dieser Umstand wieder bedeutet, daß die Bewegung jedes einzelnen Planeten angenähert so vor sich geht, als käme nur der Einfluß der Sonne allein in Betracht. Die Abweichungen von der Keplerschen Ellipse, die sog. Störungen, werden für alle Planeten demnach verhältnismäßig klein. Auf diese Weise werden auch die mathematischen Entwicklungen wesentlich vereinfacht, die zur Berechnung der genauen Bahnen der Planeten notwendig sind.

Die großen Planeten.

Newton hat schon selbst die Grundlagen einer Störungstheorie geschaffen. Ihm sind dann die großen Mathematiker des 18. Jahrhunderts gefolgt. Es war aber erst dem 19. Jahrhundert vorbehalten, die nahezu völlige Übereinstimmung zwischen Beobachtung und Rechnung zu erreichen. Die Theorie für die Bewegung der sog. großen Planeten, vielleicht die umfassendste wissenschaftliche Aufgabe, die je von einem einzelnen gelöst wurde, ist dreimal behandelt worden, jedesmal unter Zugrundelegung eines ungeheuer vermehrten Materials: Zuerst von *Laplace* an der Wende des 18. zum 19. Jahrhundert, dann von *Leverrier*, dem berühmten Entdecker des Neptun, in der Mitte, und

2*

schließlich von *Newcomb* und *Hill* in der zweiten Hälfte des 19. Jahrhunderts.

Die kleinen Planeten.

Für die sog. kleinen Planeten ist das Problem in einer Beziehung einfacher als bei den großen: Sie besitzen nämlich eine so kleine Masse, daß sie überhaupt keinen merklichen Einfluß ausüben, weder gegenseitig noch auf die großen Planeten. Man kann also bei Berechnung der Kräfte, mit denen die großen Planeten auf die kleinen wirken, ohne weiteres voraussetzen, daß die Lage der großen Planeten — aus der Theorie ihrer Bewegungen — in jedem Augenblicke bekannt ist. Dies war natürlich nicht der Fall, solange es sich darum gehandelt hatte, die gegenseitige Einwirkung der großen Planeten selbst zu berechnen.

Freilich findet man andererseits auch in der Theorie der Bewegungsverhältnisse für die kleinen Planeten Umstände, welche wiederum besondere, der Theorie der großen Planeten fremde Schwierigkeiten hervorrufen. Entwickelt man nämlich die mathematischen Theorien der Störungen im Planetensysteme, so zeigt es sich, daß die rechnerischen Schwierigkeiten wachsen, sobald wir es mit Körpern zu tun haben, die sich in mehr langgestreckten (exzentrischen) Ellipsen bewegen und weiter auch für den Fall, daß die Ebenen der verschiedenen Bahnen gegeneinander um große Winkel geneigt sind. Nun sind die Verhältnisse in unserem Planetensysteme derartige, daß gerade die Bahnen der kleinen Planeten im Mittel sowohl größere Langgestrecktheit als auch größere gegenseitige Neigungen aufweisen als die Bahnen der großen Planeten. Wir müssen infolgedessen damit rechnen, daß die Störungsformeln welche für die großen Planeten vorzügliche Ergebnisse zeitigen, für viele kleine Planeten völlig unverwendbar werden. *P. A. Hansen* hat nun in der Mitte des 19. Jahrhunderts eine vollkommen neue Störungstheorie aufgestellt, die viele dieser Schwierigkeiten zu lösen vermochte.

Wegen der großen Schwierigkeiten, die sich der rechnenden Astronomie für eine verläßliche und ausführliche Theorie der Bewegungsverhältnisse der kleinen Planeten entgegenstellten und insbesondere im Hinblick auf die ständig anwachsende Zahl neuentdeckter Planeten (*Wolf, Charlois, Palisa, Kopff, Beljawsky, Reinmuth* u. a.) hat man sich in der zweiten Hälfte des 19. Jahrhunderts bemüht, angenäherte Störungstheorien auszuarbeiten, d. h. Theorien, welche die Vorausberechnung der Örter der kleinen Planeten mit einer solchen Genauigkeit gestatten, daß sie zur Aufsuchung dieser Himmelskörper ausreicht, wenn auch nicht zum genauesten Vergleich zwischen Rechnung und Beobachtung (*Bohlin, Brendel* u. a.). Die von *Bohlin* ausgearbeitete Methode ist u. a. von *Leuschner, v. Zeipel, D. T. Wilson, Osten* und *Strömgren* angewandt worden.

Von besonders interessanten kleinen Planeten sind zu erwähnen: Eros (gefunden und rechnerisch verfolgt von *Witt*) und die sog. Jupitergruppe (theoretisch bearbeitet von *E. W. Brown, Wilkens* u. a.).

Die Bewegung des Mondes.

Eines der schwierigsten Probleme der Himmelsmechanik ist die Theorie der Mondbewegung. Nicht nur deshalb, weil der Mond der uns nächstgelegene Himmelskörper ist, und so verhältnismäßig geringe Unregelmäßigkeiten in seiner Bewegung sich von der Erde aus als recht groß ausnehmen, sondern auch aus anderen, rechnerisch-technischen, Gründen, die sich freilich in wenigen Worten kaum aus-

$$+ \left\{ \begin{aligned} & \frac{5}{4} + \frac{23}{16}\, m^2 - \frac{1485}{128}\, m^3 - \frac{5597}{64}\, m^4 - \frac{12\,036\,265}{24\,576}\, m^5 \\ & - \left(\frac{11}{24} + \frac{47\,503}{1536}\, m^2\right) e^2 - \frac{389}{32}\, m^2\, e'^2 \\ & - \left(\frac{5}{16} - \frac{135}{128}\, m\right) \gamma^2 + \frac{17}{192}\, e^4 \end{aligned} \right\} e^2 \sin 2\,\varphi$$

$$+ \left(\frac{13}{12} + \frac{41}{24}\, m^2 - \frac{43}{64}\, e^2 - \frac{5}{8}\, \gamma^2\right) e^3 \sin 3\,\varphi$$

$$+ \frac{103}{96}\, e^4 \sin 4\,\varphi + \frac{1097}{960}\, e^5 \sin 5\,\varphi$$

$$+ \left\{ \begin{aligned} & -3\,m + \frac{735}{16}\, m^3 + \frac{1261}{4}\, m^4 + \frac{142\,817}{96}\, m^5 + \frac{3\,257\,665}{576}\, m^6 \\ & \qquad + \frac{964\,471\,235}{55\,296}\, m^7 \\ & - \left(\frac{27}{8}\, m + \frac{2925}{32}\, m^2 + \frac{454\,735}{512}\, m^3 + \frac{39\,522\,017}{6144}\, m^4 \right. \\ & \left. \qquad + \frac{638\,335\,067}{16\,384}\, m^5\right) e^2 \\ & - \frac{27}{8}\, m\, e'^2 + \left(\frac{27}{8}\, m - \frac{117}{32}\, m^2 - \frac{6785}{512}\, m^3\right) \gamma^2 \end{aligned} \right\} e' \sin \varphi'$$

$$+ \left(\begin{aligned} & -\frac{9}{4}\, m + \frac{5751}{128}\, m^3 + \frac{13\,871}{32}\, m^4 \\ & -\frac{81}{32}\, m\, e^2 - \frac{7}{4}\, m\, e'^2 + \frac{81}{32}\, m\, \gamma^2 \end{aligned} \right) e'^2 \sin 2\,\varphi'$$

$$- \frac{53}{24}\, m\, e'^3 \sin 3\,\varphi'$$

$$+ \left\{ \begin{aligned} & \frac{21}{4}\, m + \frac{1233}{32}\, m^2 + \frac{15\,165}{64}\, m^3 + \frac{2\,844\,993}{2048}\, m^4 \\ & \qquad + \frac{307\,187\,071}{36\,864}\, m^5 + \frac{91\,720\,676\,239}{1\,769\,472}\, m^6 \\ & + \frac{51}{32}\, m\, e^2 + \frac{189}{32}\, m\, e'^2 - \frac{63}{8}\, m\, \gamma^2 \end{aligned} \right\} e\, e' \sin (\varphi - \varphi')$$

$$+ \left\{ \begin{aligned} & -\frac{21}{4}\, m - \frac{717}{32}\, m^2 - \frac{3215}{32}\, m^3 - \frac{2\,806\,183}{6144}\, m^4 \\ & \qquad - \frac{19\,962\,409}{2216}\, m^5 - \frac{18\,084\,760\,319}{1\,769\,472}\, m^6 \\ & - \frac{51}{32}\, m\, e^2 - \frac{189}{32}\, m\, e'^2 + \frac{63}{8}\, m\, \gamma^2 \end{aligned} \right\} e\, e' \sin (\varphi + \varphi')$$

$$+ \left(\begin{aligned} & \frac{105}{16}\, m + \frac{6081}{128}\, m^2 + \frac{139\,475}{512}\, m^3 \\ & + \frac{13}{32}\, m\, e^2 + \frac{945}{128}\, m\, e'^2 - \frac{1641}{128}\, m\, \gamma^2 \end{aligned} \right) e^2\, e' \sin (2\,\varphi - \varphi')$$

$$+ \left(-\frac{105}{16}\, m - \frac{3669}{128}\, m^2\right) e^2\, e' \sin (2\,\varphi + \varphi')$$

Abb. 6. Pontécoulantsche Mondtheorie. (S. 573).

einandersetzen lassen. Erst im letztverflossenen Jahrhundert ist es gelungen, die Mondtheorie zu einer gewissen Vollendung zu bringen. Die Entwicklung dieser Theorie im 19. und am Beginne des 20. Jahrhunderts ist durch die Namen *Plana*, *Pontécoulant*, *Delaunay*, *Hansen*, *Hill* und *Brown* gekennzeichnet. Für die letzten Jahrzehnte sind noch *Taylor*, *Jeffreys* und *Heiskanen* zu nennen.

Die auf die Entwicklung einer Mondtheorie aufgewendete Arbeit auch nur angenähert anzudeuten, würde allzuweit führen. Wie ungeheuer groß diese Arbeit ist, geht wohl mit aller wünschenswerten Deutlichkeit aus Abb. 6 hervor. Sie stellt eine der 23 Seiten dar, die insgesamt die Schlußformel bilden zu der 664-seitigen Untersuchung von *Pontécoulant* über die Bewegung des Mondes.

Unter den weiteren Störungsproblemen, welche im letzten Jahrhundert gefördert wurden, sei der Theorien für die Bewegungen der anderen Monde unseres Sonnensystems Erwähnung getan (*H. Struve*, *Sampson*, *Bergstrand*, *G Struve*, *Woltjer*, *de Sitter*).

Die Bewegung der Kometen.

Das Problem der Bewegung der Kometen ist in den letzten Jahrzehnten zu einem gewissen Abschluß gebracht worden. Es dürfte allgemein bekannt sein, daß die meisten beobachteten Kometenbahnen eine Gestalt aufweisen, die wesentlich von jener der Planetenbahnen abweicht. Die Bahnen der meisten Kometen zeigen nämlich eine weitaus langgestrecktere Form; und zwar bewegt sich die Mehrzahl in äußerst langgestreckten Ellipsen; für eine kleinere Anzahl hat man sogar Bahnen berechnet, die in der Mathematik Hyperbeln genannt werden. Diese krummen Linien kann man vom rechnerischen Standpunkte aus als Abarten von

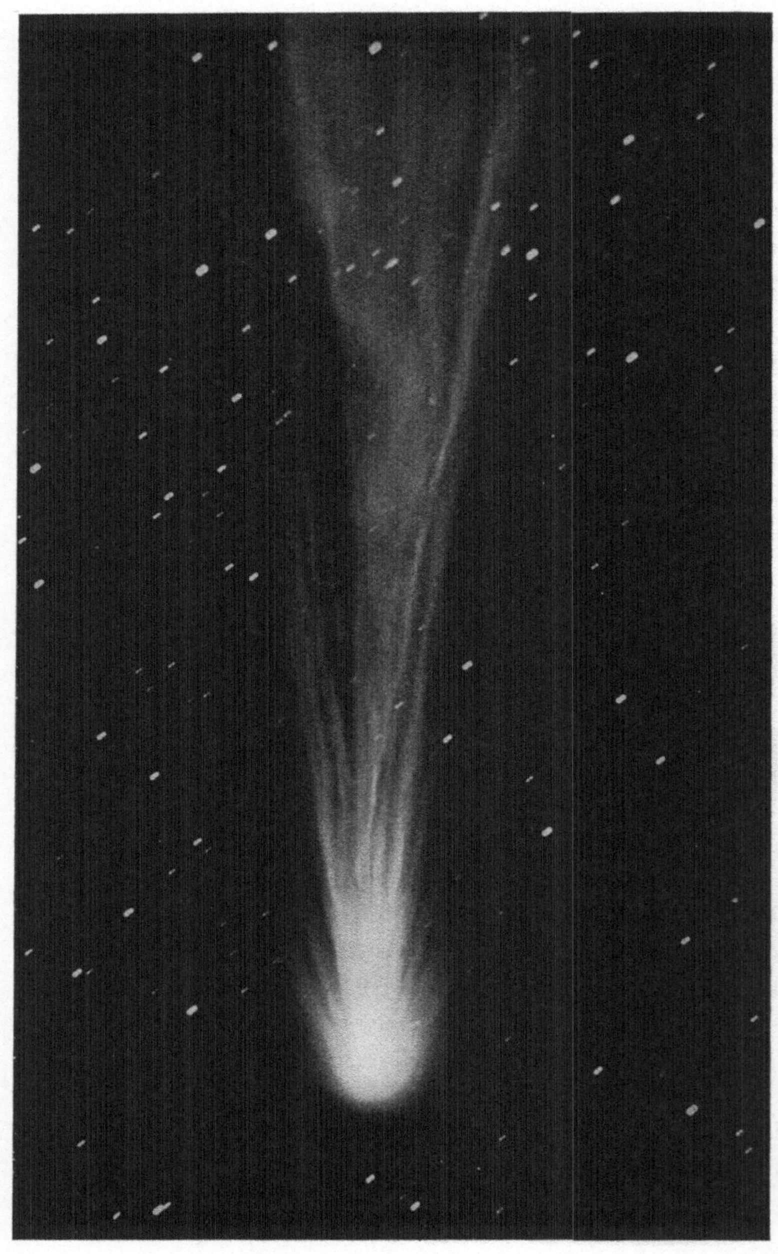

Abb 7. Komet 1908 III Morehouse nach einer Aufnahme von *M. Wolf*, Königstuhl-Heidelberg.

Ellipsen bezeichnen, als Ellipsen mit u n e n d l i c h e r L a n g g e s t r e c k t h e i t. Die beiden Äste dieser Bahnen verlaufen nämlich, wie Abb. 8 zeigt, ins Unendliche. Ein Körper, der sich genau in einer solchen Bahnkurve bewegt, könnte also nicht unserem Sonnensysteme angehören, wie die Planeten und Monde, von denen wir bisher gesprochen haben, sondern er müßte von außerhalb des Sonnensystems gelegenen Räumen zu uns eingedrungen sein und dann wieder dorthin enteilen. Genaue Berechnungen der Störungen, die von seiten der großen Planeten auf die uns bekannten Kometen ausgeübt werden, haben jedoch (*Fabry*, *Fayet*, *Strömgren*) ein neues und die Entwicklungsgeschichte der Kometen aufklärendes Resultat ergeben: Die hyperbolische Form der Bahnen ist, soweit unsere bisherige Erfahrung reicht, einfach eine F o l g e e r s c h e i n u n g d i e s e r S t ö r u n g e n; die Bahnen, für welche in Sonnen- und Erdnähe die Beobachtungen eine schwach hyperbolische Gestalt zeigten, erweisen sich nämlich als u r s p r ü n g l i c h e l l i p t i s c h e B a h n e n, wenn wir nur die Bewegungen dieser Kometen genügend weit in den Raum hinaus verfolgen, das will sagen, hinreichend weit zurück in vergangene Zeiten.

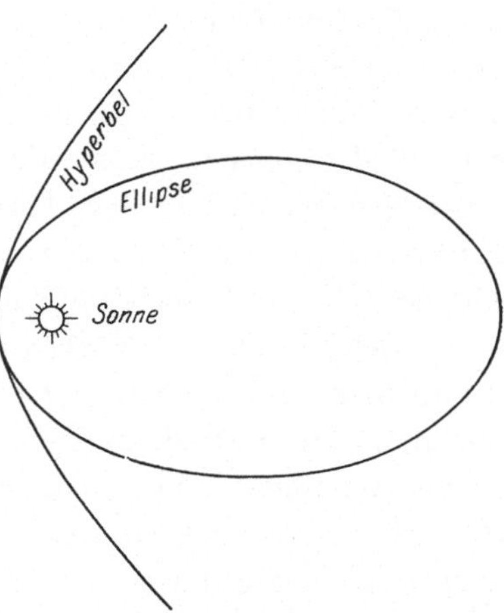

Abb. 8. Verschiedene Bahnformen.

Die sog. Konvergenzfrage.

Die Abb. 6 hat uns eine Seite aus der Schlußformel der Mondtheorie von *Pontécoulant* gezeigt. Wir sehen da eine mathematische Formel vor uns, die aus vielen Hunderten von Gliedern besteht. Will nun der Astronom zu einem gewissen Zeitpunkt den Ort des Mondes am Himmel berechnen, so muß er für diesen Zeitpunkt alle jene Ausdrücke, die in der Formel mit Buchstaben bezeichnet sind, zahlenmäßig berechnen. Eine Formel, wie diese hier, ist jedoch trotz ihrer imponierenden Länge in Wirklichkeit nur ein Bruchstück der Formel, welche die Theorie uns gibt. Ja, in voller Strenge enthält die Theorie eine unendliche Anzahl von Gliedern. Mit anderen Worten, man hat den Ort des Himmelskörpers im Raume in eine solche Form gebracht, welche von den Mathematikern eine Entwicklung in unendliche Reihen genannt wird. Die Voraussetzung nun, eine unendliche Reihe anwenden zu können, liegt in der Annahme, daß die in der Reihe einander folgenden Glieder ständig — und so rasch wie möglich — ihrem Zahlenwert nach abnehmen: es darf dem Rest, wenn wir die Reihe hinreichend weit hinaus verfolgen, kein Einfluß mehr zukommen (die Konvergenz der Reihen).

Die Frage nun, inwieweit diese Annahme bei den in unseren Störungstheorien auftretenden Reihen berechtigt ist, stellt ein ungemein schwer zu lösendes mathematisches Problem dar. Die Begründer unserer Planetentheorien (*Lagrange, Laplace* u. a.) haben sich überhaupt nicht mit solchen Fragen beschäftigt. Es sind Fragen, die im allgemeinen bei den Astronomen nicht das gleiche Interesse beanspruchen wie bei den Mathematikern; aus dem einfachen Grunde, weil ja die Astronomen durch den Vergleich zwischen Theorie und Beobachtung über ein einfaches empirisches Mittel zur Prüfung der Zuverlässigkeit ihrer Formeln verfügen, ganz unabhängig von allen theoretischen Untersuchungen über die Konvergenz der Reihen.

Die bewunderungswürdige Übereinstimmung zwischen den astronomischen Beobachtungen und Theorien hatte zur natürlichen Folge, daß die Astronomen im allgemeinen der Konvergenzfrage kein sonderlich großes Interesse zugewandt haben. Man kann hinzufügen — so eigentümlich dies auch lauten mag — glücklicherweise. Einer der größten Mathematiker des 19. Jahrhunderts, *Henri Poincaré*, konnte zeigen, daß die in den astronomischen Störungstheorien auftretenden Reihen nicht konvergent sind, es sei denn, daß gewisse vereinfachende Annahmen gemacht werden, vor allem, daß wir diese Reihen nur auf Zeiträume anwenden, die im Verhältnis zur Lebensdauer des Sonnensystems außerordentlich kurz sind. Man kann daher mit völliger Sicherheit behaupten, daß die Reihen falsch würden, wollten wir sie für sehr lange Zeitabschnitte anwenden. Dies hindert jedoch nicht, daß die astronomischen Störungstheorien in der Zeitspanne, die uns bisher für den Vergleich zwischen Beobachtung und Theorie zur Verfügung stand, eine höchst bewunderungswürdige Übereinstimmung gegeben haben.

Überblickt man die geschichtliche Entwicklung der Theorien über die Bewegungsverhältnisse im Sonnensysteme, so kommt man u. a. leicht zu folgendem Schlusse: Angenommen, die Planetenbeobachtungen *Tycho Brahes* wären viel genauer gewesen als sie tatsächlich waren, und hätten deshalb den Einfluß all der größeren und kleineren Störungen aufgedeckt, welche die wahre Bewegung kennzeichnen, so hätte vielleicht *Kepler* niemals seine einfachen

Gesetze gefunden und *Newton* vielleicht niemals das Gesetz der Schwerkraft entdeckt. In ähnlicher Weise können wir wohl auch sagen: Hätte *Laplace* gewußt, daß die Störungsreihen, die er mit so unerhörtem Arbeitsaufwand berechnete, in mathematischer Bedeutung nicht konvergent seien, so hätte er wohl kaum den Mut aufgebracht, diese enorme Arbeit in Gang zu setzen und dann wäre die gewaltige Schöpfung der mathematischen Störungstheorie für die großen Planeten — vielleicht die stolzeste Anwendung der Mathematik in den Naturwissenschaften — möglicherweise niemals an den Tag gekommen!

Weitere Probleme der Himmelsmechanik.

Von den Nebenprodukten, welche die verfeinerten modernen Bewegungstheorien unseres Sonnensystems ergeben haben, sei hier erwähnt: Die Neubestimmung der grundlegenden astronomischen Konstante, der Sonnenparallaxe (indirekt hierdurch auch die astronomische Abstandseinheit, die halbe große Achse der Erdbahn), ferner die Bestimmung der größeren Massen in unserem System, der Lageveränderungen der Ekliptik im Raume u. a. m.

Im Zusammenhang mit dem Problem der Störungsrechnungen für die Bewegungen in unserem Sonnensystem muß auch des stets aktuellen Problems der Berechnung der vorläufigen Bahnen für neuentdeckte kleine Planeten und Kometen gedacht werden. Die Methoden, die hierfür in der Praxis Anwendung finden, stammen, was die Kometen anbelangt, aus dem 18. Jahrhundert (*Lambert, Olbers*). Für die Planeten fand das Problem in einer für die Praxis geeigneten Gestalt seine Lösung durch *Gauß*, kurz nach der am 1. Januar 1801 von *Piazzi* gemachten Entdeckung des ersten

Asteroiden *Ceres*. Unter den Berechnern vorläufiger Bahnen sind zu nennen: *Berberich, P. V. Neugebauer, Stracke, Kahrstedt*, die Kieler Zentralstelle und die Sternwarten in Berkeley, Greenwich und Kopenhagen.

Hochinteressante Methoden zur Bahnbestimmung für die verschiedenen Doppelsternsysteme sind im Laufe des 19. und 20. Jahrhunderts entstanden.

Das allgemeine Dreikörperproblem.

Wir haben schon darauf hingewiesen, daß in unserem Sonnensysteme gewisse Verhältnisse vorliegen, welche die Lösung der Probleme der Bewegungen der Planeten, der Monde und der Kometen gegenüber der Berechnung der Bewegungsverhältnisse im allgemeinen Drei- oder Mehrkörperproblem wesentlich erleichtern. Was die Planeten und Kometen anbelangt, so lag dieser Umstand im folgenden: Diese Gestirne haben alle eine so kleine Masse (bei den Asteroiden und Kometen kann man sie praktisch als verschwindend klein betrachten), daß die Wirkung ihrer gegenseitigen Anziehung im Verhältnis zur Anziehung von seiten der Sonne stets äußerst gering ist. Im Problem der Bewegung unseres Mondes um die Erde haben wir es mit einer anderen Sachlage zu tun: Die störende Masse ist hier die Sonne. Sie ist zwar ganz bedeutend größer als der Zentralkörper — die Erde — dafür ist aber wieder ein anderer Umstand in Rücksicht zu ziehen. Der Abstand vom Mond zur störenden Masse der Sonne ist ungefähr 400 mal größer als der Abstand des Mondes vom Zentralkörper, der Erde. So kommt es, daß wir es auch bei diesem Problem nur mit relativ geringfügigen Störungen zu tun haben. Wollen wir nun das allgemeine Drei- oder Mehrkörperproblem im Gegensatze zu den Spezialfällen in unserem Sonnensystem, den Störungsproblemen, definieren, so können wir es am besten als das Drei- oder Mehrkörperproblem mit gleicher Größenordnung für alle Massen und für alle Entfernungen kennzeichnen.

Das allgemeine Dreikörpersystem hat lange Zeiten hindurch als das Sorgenkind der Astronomie gegolten. Die Lösung des Problems hat allen Anstrengungen früherer Generationen getrotzt, ja in so außerordentlicher Weise, daß eines der wichtigsten Ergebnisse des 19. Jahrhunderts auf diesem Gebiete (*Bruns* und *Poincaré*) in positiven Beweisen für die Unmöglichkeit der Lösung in einer der Lösung des Zweikörperproblems analogen Form bestand.

In den letzten drei Jahrzehnten hat sich das Dunkel doch wesentlich gelichtet. Erstens gelang es *Sundman*, eine Lösung aufzustellen, die von rein mathematischem Standpunkte aus einen entscheidenden Fortschritt bedeutet. Er zeigte die Möglichkeit, für das allgemeine Dreikörperproblem — abgesehen von einem sehr speziellen Ausnahmefall — unendliche Reihen aufzustellen (Reihen von ganz anderer Art als im Störungsproblem), welche in mathematischer Hinsicht konvergent sind. Man kann also vom rein mathematischen Standpunkte aus das Problem als gelöst betrachten. Dieses theoretisch außerordentlich interessante Ergebnis hat uns aber doch noch keine greifbaren Vorstellungen über die Bewegungsformen im allgemeinen Dreikörperproblem verschaffen können. Einerseits deshalb, weil *Sundman* die Existenz dieser Reihen wohl bewiesen, sie aber nicht berechnet hat, andererseits, weil diese Reihen mit aller Wahrscheinlichkeit — wenigstens für große Zeitwerte — so langsam konvergieren, daß ihre Verwendbarkeit für zahlenmäßige Durchrechnung wohl nicht denkbar wäre.

Ferner ist es in den letzten drei Jahrzehnten gelungen, mit Hilfe besonderer n u m e r i s c h e r Methoden eine große Anzahl von s p e z i e l l e n Fällen der Bewegungsformen im Dreikörperproblem zu rechnen.

In einem monumentalen Werke ,,Méthodes nouvelles de la Mécanique céleste" hatte *Poincaré* im letzten Jahrzehnt des vorigen Jahrhunderts das Dreikörperproblem nach verschiedenen Richtungen hin mathematisch behandelt und neue Resultate geschaffen: so, unter gewissen vereinfachenden Voraussetzungen über die Massenverhältnisse, die Existenz von rein p e r i o d i s c h e n und von sog. a s y m p t o t i s c h e n Lösungen nachgewiesen.

Unmittelbar anschaulich sind die Poincaréschen Resultate im allgemeinen nicht, aber die folgenden Jahrzehnte haben in ausgedehnter Weise seinen abstrakten Sätzen einen lebendigen, konkreten Inhalt verliehen und außerdem die Existenz periodischer und asymptotischer Lösungen auch unter ganz allgemeinen Voraussetzungen über die Massenverhältnisse dargelegt.

Wenn wir bisher von der Berechnung der Bewegungen der Himmelskörper gesprochen haben, so hatten wir immer die Durchführung der Rechnung derart vor Augen, wie sie in Abb. 6 angedeutet ist; wir dachten uns eben als Ergebnis eine mathematische Formel, die uns einen allgemeinen Ausdruck für die Bewegung des betreffenden Himmelskörpers verschafft. Will ich dann den Ort des Gestirns für einen gewissen Zeitpunkt berechnen, so brauche ich nur den Zeitwert, für welchen die Ortsbestimmung gelten soll, in diese Formel einzusetzen. Wenn also die Formel ein für allemal fertig aufgestellt ist, so kann ich durch bloßes Einsetzen der richtigen Werte für die Zeit den Ort für jeden beliebigen Zeitpunkt — vorwärts oder rückwärts — berechnen, mit der einzigen Beschränkung, daß ich nur Zeitabschnitte einbeziehen darf, für welche die Reihen als konvergent zu betrachten sind.

Es gibt aber eine andere, mathematisch weniger elegante Methode, die nichtsdestoweniger eine besondere Eignung für die Lösung mechanischer Bewegungsprobleme besitzt. Die Rechnungen bestehen in diesem Falle durchwegs aus rein numerischen (zahlenmäßigen) Prozessen; man führt sie nach einer Methode aus, die „numerische Integration" genannt wird.

Der prinzipielle Unterschied zwischen dieser und der früher besprochenen Methode (der Methode der Reihenentwicklung) läßt sich in folgender Weise schematisch andeuten: Wir nehmen an, es seien in einem bestimmten Augenblick Lage und Geschwindigkeit für drei Himmelskörper bekannt. Kenne ich nun auch die Massen der drei Körper, so kann ich die Kräfte, die nach dem Schweregesetz wirken müssen, mit größter Leichtigkeit berechnen. Nach Gesetzen der elementaren Mechanik läßt sich da ohne weiteres ermitteln, welche Bewegungen die drei Massen im nächsten Augenblicke ausführen werden. Für den neuen Zeitpunkt haben die Körper eine neue Lage erhalten. Da berechne ich wieder die wirkenden Kräfte — sie werden einen um eine Kleinigkeit veränderten Wert haben — und berechne dann den Einfluß, den diese Kräfte auf die Bewegung der Körper in der nächsten Zeiteinheit ausüben, und so geht dies fort. Mit anderen Worten: Ich folge also der Bewegung der drei Körper in numerischen Rechnungen, Schritt für Schritt, von dem einen kleinen Zeitintervall zu dem nächsten. Es zeigt sich, daß man bei geeigneter Wahl der Zeitintervalle diese Rechnungen mit jeder beliebigen Genauigkeit durchführen kann.

Der Methode wohnt ein großer — für unsere Probleme entscheidender — Vorteil, aber andererseits auch ein Nachteil inne. Der Vorteil liegt darin, daß wir in der Lage sind, wenn nur der Anfangszustand bekannt ist, jedes beliebige Bewegungsproblem numerisch zu lösen. Es ist gleichgültig, ob wir es mit drei oder mehreren Körpern zu tun haben; es ist auch gleichgültig, ob die Massen von derselben Größenordnung sind oder nicht. Der Nachteil der Methode andererseits besteht darin, daß ich nach erfolgter Durchführung einer solchen Rechnung die Bewegungen der Körper nur für den Zeitraum kenne, für welchen die Rechnung ausgeführt ist, während wir bei den früher erwähnten allgemeinen mathematischen Formeln — innerhalb des Gebietes für die Konvergenz der Reihen — jeden beliebigen Zeitpunkt, einen früheren sowohl wie einen späteren, einsetzen konnten.

Historisch betrachtet, hat die hier angedeutete Methode schon lange eine große Rolle in der Astronomie gespielt. Im Laufe der Zeiten sind nach einer ganz ähnlichen Methode schon eine Menge von Planetenberechnungen ausgeführt worden und für die meisten Kometen, bei denen die mathematischen Theorien aus besonderen Gründen nicht zu verwenden waren, war die Arbeit ausschließlich mit Hilfe von numerischen Methoden geleistet worden. Die Verläßlichkeit der Methode ist durch die denkbar vollständigste Übereinstimmung zwischen Theorie und Beobachtung erwiesen.

Gyldén hat als erster den Gedanken aufgeworfen, rein numerische Methoden auch in den Dienst des allgemeinen Dreikörperproblems zu stellen. Derartige Arbeiten sind zuerst von *Thiele* und *Darwin* in Gang gesetzt worden; in den letzten Jahrzehnten sind auf diesem Gebiete auf der Kopenhagener Sternwarte umfassende Untersuchungen aus-

geführt worden, mit dem Resultate, daß man zur Zeit über
ein sehr reichhaltiges Material über die möglichen Bewegungsformen im Dreikörperproblem verfügt.

Das Problem, für welches die zuletzt erwähnten numerischen Untersuchungen angestellt wurden, ist genau genommen nicht das völlig allgemeine Dreikörperproblem. Man hat nämlich, um sich überhaupt durch die
Schwierigkeiten hindurchschlagen zu können, eine Art
Spezialfall gewählt, nämlich das sog. problème restreint,
bei welchem unter den drei Massen nur zwei endliche Werte
besitzen, während man die dritte Masse als unendlich klein
annimmt. Für die in diesem Probleme existierenden einfachperiodischen (d. h. nach einem Umlaufe periodischen) Bewegungsmöglichkeiten — wie auch für die einfachsten
asymptotischen Lösungen — besitzt man jetzt durch die
in Kopenhagen ausgeführten Arbeiten eine fast vollständige
Übersicht. Als ein Beispiel für die Entwicklung einer Klasse
periodischer Bahnen im problème-restreint geben wir die zwei
Abbildungen 9 und 10. Abb. 9 zeigt zwei gleichgroße,
endliche Massen m_1 und m_2, die um den Mittelpunkt des
Systems in einer der Bewegung des Uhrzeigers entgegengesetzten Richtung rotierend sich zu denken sind. Für die
dritte, unendlich kleine, Masse gibt es dann u. a. eine Klasse
von Bahnbewegungen um die beiden endlichen Massen,
die im Sinne der Uhrzeigerbewegung (in der Abbildung
durch Pfeile angedeutet) vor sich gehen. Ganz weit draußen
sind diese periodischen Bahnen fast kreisförmig (im Unendlichen genau kreisförmig, mit unendlich langsamer Bewegung). Je weiter nach innen zu eine solche Bahn liegt, um
so mehr abgeplattet ist sie. Die Fortsetzung dieser Entwicklung ersieht man aus der in größerem Maßstabe gezeichneten Abb. 10, wo die Bahnen nach innen immer mehr

abgeplattet werden und wo außerdem die Bahngeschwin-
digkeit immer mehr zunimmt. Den Grenzfall — und zugleich den Abschluß — dieser
Klasse bildet eine Bewegung, die
zwischen den zwei endlichen Massen m_1 und m_2 mit unendlich großer
Geschwindigkeit in jedem Punkte
der Bahn hin und her pendelt.

In ähnlicher Weise ist für das
ganze problème restreint eine
Klasse von Bahnen nach der anderen studiert worden. Es läßt
sich aber auch von vornherein mit
Sicherheit annehmen, daß die für
das speziellere Problem, das problème restreint, erhaltenen Ergebnisse im allgemeinen ohne größere
Schwierigkeiten zu verallgemei-
nern sind, also auch für das allgemeine Dreikörperproblem Gel-
tung gewinnen. Derartige Verall-
gemeinerungen sind auch bereits
in Kopenhagen für gewisse Bahn-
gruppen durchgeführt worden.

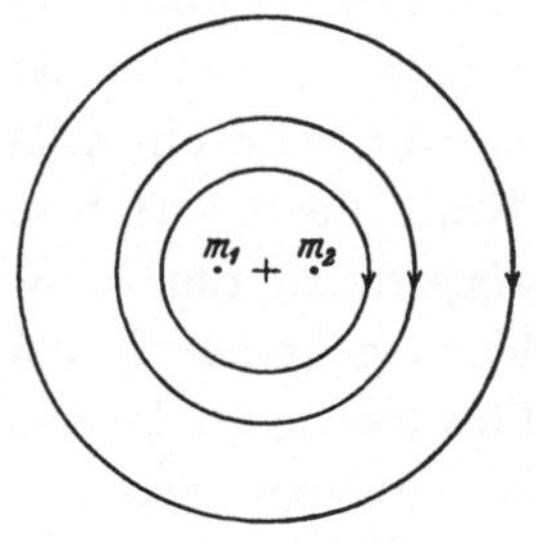

Abb. 9. Entwicklung einer Klasse retrograder, peri-odischer Bahnen um die zwei endlichen Massen im problème restreint.

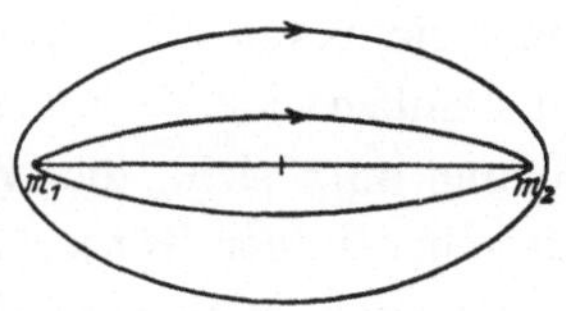

Abb. 10. Fortsetzung (in größerem Maßstabe) der in Abb. 9 dargestellten Klasse von Bahnen im problème restreint.

Mechanische Probleme, die von der Gestalt der Himmelskörper abhängen.

Während der ganzen bisherigen Besprechung der
Probleme der Himmelsmechanik haben wir die Verhältnisse
so behandelt, als ob die Himmelskörper als „Massenpunkte" aufeinander einwirkten, das will sagen, wir hatten

uns jeden Körper als einen mathematischen Punkt vor-
gestellt, in dem wir uns die Gesamtmasse vereinigt dachten.
In Wirklichkeit ist dies natürlich nur eine Annäherung. Das
Newtonsche Gesetz besagt: Wo wir auch immer zwei
Massenpartikelchen haben, so wirkt zwischen ihnen
eine Kraft, die ... Haben wir es nun mit wirklichen Himmelskörpern zu tun, so wissen wir, daß sie eine gewisse
Ausdehnung besitzen. Wünschen wir für diesen Fall nun
die Einwirkung zu berechnen, die der eine dieser Körper
auf den anderen ausübt, so müssen wir alle Kräfte sum-
mieren, die zwischen den einzelnen Partikelchen der beiden
Körper wirksam sind. Eine solche Summierung (Integration) führt nun zu dem Ergebnis, daß im allgemeinen
zwei Himmelskörper wegen ihrer von der Kugelform ab-
weichenden Gestalt nicht genau wie Massenpunkte aufeinander einwirken. Die Abweichung von der Kugelgestalt
bringt nämlich eine Veränderlichkeit in der wechselseitigen
Anziehung mit sich, die von der jeweiligen Lage der
Äquatorebenen der Körper im Raume abhängig ist. Aus
dieser Schwankung ergeben sich gewisse Störungen in den
Bewegungen der Himmelskörper. Die Prinzipien zur Berechnung dieser Störungen sind schon aus dem 18. Jahrhundert bekannt.

Das Problem der Gestalt der Himmelskörper gibt nun
aber auch Anlaß zu anderen Fragen. Die von rein astro-
nomischem Standpunkte aus wichtigsten sind jene, welche
die Präzession und die Nutation behandeln. Die Theorie
geht bis ins 18. Jahrhundert zurück. Eine umfassende
numerische Untersuchung über Präzession und Nutation
aus dem 19. Jahrhundert verdanken wir *v. Oppolzer*.

In dieses Gebiet fällt auch das Problem über die Gleich-
gewichtsfiguren rotierender Körper in flüssigem Zustande.

. 11. Der kugelförmige Sternhaufen M 13 im Sternbild des Herkules, auf-
:nommen auf der Mt.-Wilson-Sternwarte mit dem 1¹/₂ m-Spiegelteleskop.

Es wurde in den letzten Jahrzehnten u. a. von *Poincaré*, *Schwarzschild* und *Darwin* behandelt.

Die Mechanik der Sternhaufen.

Die Stellarastronomie ist in den letzten Jahrzehnten in raschem und gewaltigem Aufblühen begriffen und hat damit auch eine Reihe neuer mechanischer Probleme gebracht.

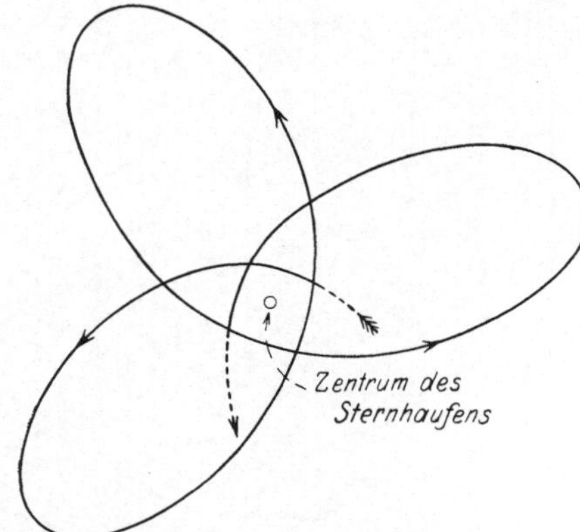

Abb. 12. Bewegungsform eines Sternes in einem kugelformigen Sternhaufen.

Wir sehen in Abb. 11 ein System von Himmelskörpern vor uns, das als kugelförmiger Sternhaufen (Kugelhaufen) bezeichnet wird: in einem System, das in großen Zügen kugelförmige Gestalt besitzt, sind Zehntausende oder Hunderttausende oder Millionen von Fixsternen vereinigt.

Wie gehen nun wohl in einem solchen System die Bewegungen vor sich? Denken wir uns einmal den möglichst einfachen Fall. Ein Stern befinde sich in einem bestimmten Augenblicke in den äußersten Partien des Sternhaufens, und wir nehmen an, er befinde sich in diesem Augenblicke im Ruhezustande. Es besteht nun kein Zweifel darüber, daß der Stern von der Anziehungskraft aller übrigen Sterne im Systeme ergriffen wird Die Anziehung des Gesamtsystems muß unseren Stern nach dem Innern des Haufens treiben und mit wachsender Geschwindigkeit muß er gegen das Zentrum stürzen. Besitzt der Haufen einen völlig symmetrischen Bau, so eilt der Stern mit großer Geschwindigkeit genau durch das Zentrum des Haufens. Er stürzt weiter gegen das andere Ende, jetzt aber mit a b n e h m e n d e r Geschwindigkeit, weil ja die Gesamtanziehung nur mehr in einer der Bewegung entgegengesetzten Richtung wirkt. Schließlich erreicht der Stern auf dieser Seite dieselbe Entfernung vom Zentrum, die er vor Beginn der Bewegung auf der anderen Seite besaß. Jetzt gelangt er zum Stillstand, bis er dann wieder seine Wanderung in umgekehrter Richtung beginnt. Auf diese Weise eilt der Stern beständig in dem Haufen hinaus und hinein, hinaus und wieder hinein.

Unter normalen Verhältnissen gestaltet sich die Bewegung nun aber nicht so einfach. Wir haben in dem allgemeinen Falle kein Recht, anzunehmen, daß der Stern da draußen ohne irgendeine Bewegung in seitlicher Richtung gewesen wäre. Berücksichtigen wir das Vorhandensein einer solchen seitlichen Bewegung, so erhalten wir Bewegungsformen, deren Natur in Abb. 12 (Kopenh. Publ. 25) angedeutet ist.

Doch nicht nur das! Dann und wann wird es auch vorkommen, daß zwei Sterne im Haufen so nahe aneinander vorbeieilen, daß die gegenseitige Anziehungskraft ihre Bahnen vollkommen verändert. Tritt dies im Laufe der Zeit in großem Umfange ein, so erhalten wir Bewegungsverhältnisse, die an die Zustände in ganz anderen Systemen erinnern, mit denen sich die Naturwissenschaft beschäftigt, nämlich mit den Bewegungen der Moleküle in einer Gasmasse. Diese Fragen hat u. a. besonders *v. Zeipel* studiert, der auch (ebenso wie *Freundlich* und *Heiskanen*) hierhergehörige Gesetze zur Bestimmung durchschnittlicher Massenwerte für die Sterne in den Sternhaufen herangezogen hat.

Die Photographie im Dienste der Astronomie.

Schon *Daguerre* unternahm Versuche, Himmelskörper zu photographieren. Es folgten u. a. *Draper* und *Rutherfurd.* Das große Zeitalter der Geschichte der Himmelsphotographie setzte jedoch erst nach der Erfindung der Bromsilbergelatinmethode (*Maddox* 1871) ein. Eine gewaltige Entwicklung ist seit diesen ersten tastenden Versuchen bis zu den wundervollen Aufnahmen eines *Barnard*, *Ritchey* und *Wolf* vor sich gegangen. Vom instrumentellen Standpunkte aus war die Konstruktion des Doppelrefraktortyps (die Brüder *Henry* am Anfange der 80er Jahre) epochemachend, der in einem Rohre ein visuelles und ein photographisches Fernrohr vereinigt. Am photographischen Fernrohre wird an Stelle des Okulars die Kassette mit der Platte eingeschoben, am anderen, dem visuellen Rohre, auch Leitfernrohr genannt, wird vom Beobachter während der Aufnahme ein Leitstern dauernd in der Mitte des Fadenkreuzes gehalten. Auf diese Weise ist die Sicherheit, scharfe unverrückte Sternbilder zu erhalten, gewährleistet. Von anderen Namen auf dem Gebiete der Refraktor- und Reflektortechnik seien erwähnt: *Fraunhofer, Merz, Steinheil, Repsold, Zeiss, Töpfer, Clark* (der berühmte Optiker, der fünfmal seinen eigenen Rekord in bezug auf große Objektive schlug), *Cooke, Ritchey* und *Warner and Swasey.*

Was die Photographie für die Astronomie hinsichtlich der Entdeckung neuer Himmelskörper und für die Erforschung ihrer Oberflächendetails bedeutet, dürfte wohl allgemein bekannt sein. Der letzte Punkt wird genügend durch die

Abb. 14. Spindelnebel. Man beachte den Streifen dunkler Materie, der einen Teil des Lichtes für uns abschirmt.

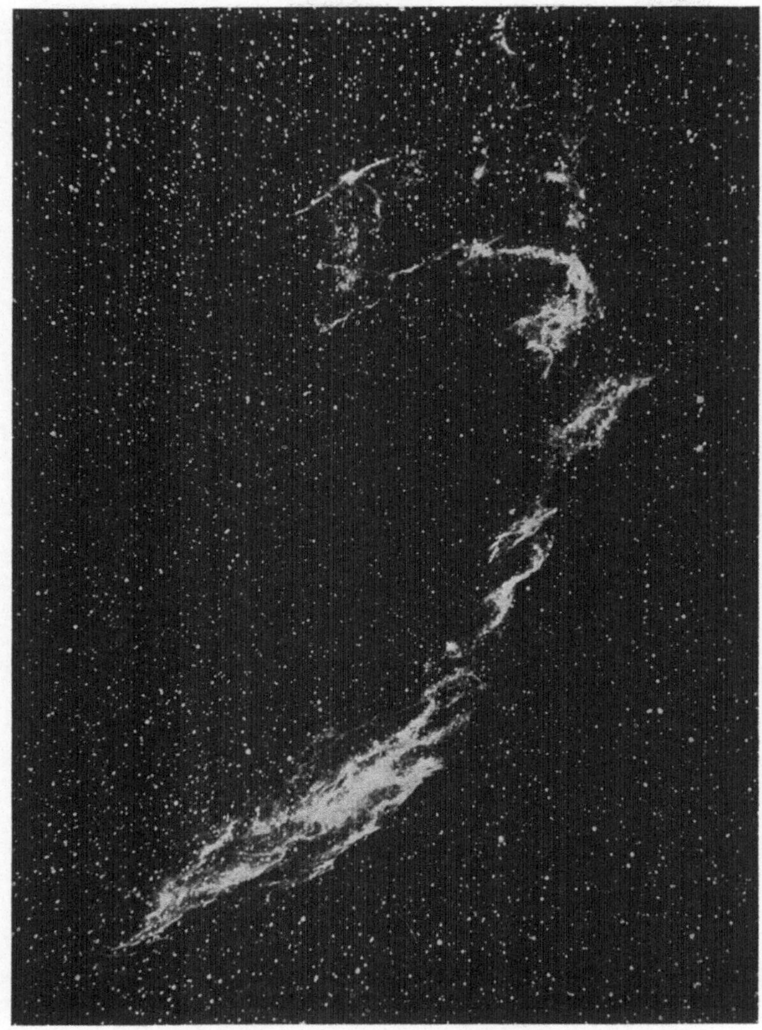

Abb. 15. Der Schleiernebel im Sternbilde des Schwans. Aufgenommen von *Ritchey*.

bloße Betrachtung einiger moderner Himmelsphotographien beleuchtet (siehe z. B. die Abbildungen 7, 13, 14, 15, 28). Das eindrucksvollste Zeugnis für den Erfolg der Photographie auf

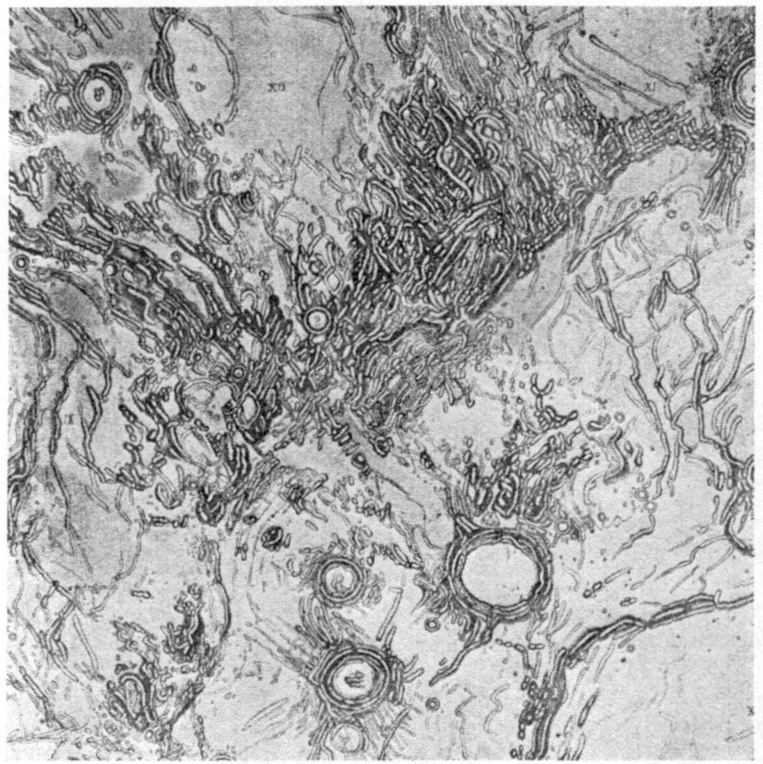

Abb. 16. Eine der Mondkarten von *Schmidt*. (Zeichnung).

diesem Gebiete erhält man vielleicht, wenn man die beiden Abb. 16 und 17 nebeneinander hält. Die eine zeigt uns ein Blatt aus *J. F. Schmidts* Mondatlas, der aus mühsamem Zeichnen hervorgegangen ist (25 solche Blätter im Laufe von 34 Jah-

Abb. 17. Moderne Mondphotographie, aufgenommen am Mt. Wilson.
(Sie stellt einen Teil des Gebietes dar, das auf Abb. 16 wiedergegeben ist).

ren). Das andere Bild zeigt uns eine moderne Photographie einer Mondpartie (zum Teil dieselbe Gegend wie auf der Abb. 16), die mit einer Belichtung von ungefähr einer Sekunde erhalten wurde!

Von nicht geringerer Bedeutung ist die Photographie für die Helligkeits- und Farbenbestimmungen der Sterne (s. der nächste Abschnitt) sowie als Hilfsmittel für astronomische Messungen (genaue Sternpositionen, Lage und Verschiebungen der Linien in den Sternspektren u. a. m.). Die Vermessungen auf den Platten werden mit Benützung besonderer Meßapparate ausgeführt. Der Ausmessung eines Sternhaufens z. B. geht am Fernrohr eine photographische Aufnahme von einigen Stunden voran; die ganze Messungsarbeit kann dann im Arbeitszimmer in aller Ruhe und Stille ausgeführt werden. Es ist leicht zu verstehen, was für eine bedeutsame Rolle dies für die Astronomie spielt. Der Astronom wird auf diese Weise von den klimatischen Verhältnissen des Ortes nahezu unabhängig, da ja nur ein kleiner Bruchteil seiner Arbeit an das Fernrohr gebunden ist. Er wird aber auch in gewissem Grade unabhängig von der Lage seines Institutes: man kann ja — und es wird auch in großem Umfange davon Gebrauch gemacht — Platten, die auf einer Sternwarte mit großen Instrumenten und günstigen Beobachtungsverhältnissen aufgenommen werden, an ein anderes Institut zur Ausmessung übersenden. Das beste und interessanteste Beispiel hierfür bietet das berühmte astronomische Laboratorium in Groningen (Holland); es hat seit Jahren unter *Kapteyns* Leitung eine führende Rolle in der praktischen Astronomie gespielt, ohne ein einziges astronomisches Fernrohr, nur mit einer Anzahl von Meßapparaten ausgerüstet.

Astrophotometrie.

Methoden der Helligkeitsmessungen.

Eine der wichtigsten Grundlagen für die moderne Stellarastronomie — wir werden später noch darauf zurückkommen — liegt in der Messung der Helligkeit der Fixsterne. Den ersten Ansatz zu einer Sternphotometrie haben wir schon im „Almagest" des Ptolemäus vor uns. Dieses Werk enthält u. a. einen Sternkatalog, in welchem die Sterne nach ihrer scheinbaren Helligkeit — d. i. der Helligkeit, in der sie uns erscheinen — nach Größenklassen eingeteilt sind, und zwar von den hellsten Sternen ausgehend, in Sterne 1., 2., 3. Größenklasse usw., im übrigen eine Einteilung, die im großen ganzen noch heute in Gebrauch steht. Die moderne Definition der „Größenklasse" besagt, daß die von einem Sterne einer gewissen Größenklasse zu uns kommende Lichtmenge zu der scheinbaren Lichtmenge eines Sterns der nächstfolgenden Größenklasse sich wie 2.512 zu 1 verhält. Mit freiem Auge erblickt man Sterne bis zur 6. Größenklasse; die schwächsten Sterne, die uns heute das 100zöllige Riesenfernrohr auf dem Mt. Wilson auf photographischem Wege zugänglich macht, sind Sterne etwa der 21. Größenklasse.

Die älteren Helligkeitsbestimmungen sind nur auf rohe Schätzungen gegründet; erst im 18. Jahrhundert sind die Prinzipien einer wissenschaftlichen Astrophotometrie ausgebildet worden (*Bouguer, Lambert*). Das Hauptprinzip der wissenschaftlichen Helligkeitsmessung beruht auf der physiologischen Erfahrung, daß das menschliche Auge Unterschiede in der Helligkeit desto schärfer erfaßt, je geringer diese Unterschiede sind; mit besonders großer Genauigkeit vermag es zu unterscheiden, ob zwei Lichtquellen gleich hell sind oder nicht. Man geht daher bei allen photometrischen Methoden, die im Wesen Schätzungen mit dem Auge sind, darauf aus, Lichtquellen zu vergleichen, die nahezu gleich hell sind; oder aber man schwächt die stärkere der beiden Lichtquellen auf meßbare Weise derart, daß sie denselben Helligkeitsgrad wie die schwächere erhält. Weiß man nun, um wieviel man die eine geschwächt hat, so erhält man derart ein Maß für das Helligkeitsverhältnis zwischen den beiden Lichtquellen. Dieses hier angedeutete Resultat läßt sich nach vielen verschiedenen Methoden erreichen. Bei den älteren Methoden aus dem 18. Jahrhundert schwächte man die hellere Lichtquelle — beispielsweise das Brennpunktsbild eines Himmelskörpers — ganz einfach durch eine Verschiebung auf größeren Abstand. Später bediente man sich des Vorganges, den Lichtkegel vom Objektiv zum Teil abzublenden. Der größte Fortschritt ist dann durch das *Zöllner*sche Photometer erzielt worden. Hier wird das Licht des Sternes mit der Helligkeit eines künstlichen Sternes verglichen. In den Lichtweg sind zwei Nikolsche Prismen eingelassen. Durch Drehung eines der beiden Nikol kann man die Helligkeit meßbar abschwächen. Moderne erfolgreiche Typen gibt es eine ganze Reihe, so z. B. das *Graff*sche Keilphotometer.

In den letzten Jahrzehnten haben *Stebbins* und in noch höherem Grade *Guthnick* und *Rosenberg* glänzende Ergebnisse mit Hilfe objektiver Methoden erzielt, d. h. Methoden, die unabhängig von der Lichtempfindlichkeit des

menschlichen Auges sind. *Stebbins* bediente sich einer
Eigenschaft des kristallinischen Selens, die darin besteht,
daß unter Belichtung sein elektrischer Widerstand her-
abgesetzt wird. Die letzteren verwendeten die von
Hallwachs gefundene und von *Elster* und *Geitel* näher unter-
suchte Eigenschaft gewisser Grundstoffe wie Kalium,
Natrium, Rubidium usw., bei Belichtung Elektronen aus-
zusenden. Diese Elektronenemission ist proportional der
Helligkeit der Lichtquelle (z. B. eines Sternes) und läßt
sich mit Hilfe eines Elektrometers messen.

Die photographisch - photometrischen Methoden beruhen auf Messung und Vergleich, entweder der Durchmesser
der Sternbilder oder deren Schwärzungsgrades auf der
photographischen Platte.

Aufgaben der Helligkeitsmessungen.

Die Hauptaufgaben der Astrophotometrie sind: 1. Die
Untersuchung der veränderlichen Sterne und 2. die Bestimmung genauer Helligkeiten für eine möglichst große
Anzahl von Fixsternen, von den hellsten bis zu den schwächsten, zum Zwecke der Lösung allgemeiner stellarastronomischer Probleme.

Der erste veränderliche Stern (Mira Ceti) wurde
1596 entdeckt und noch im Jahre 1840 waren nicht mehr
als 23 derartige Gestirne bekannt. Da begann in diesem
Jahre der berühmte *Argelander* mit systematischen Beobachtungen von veränderlichen Sternen. Seine durch mehr
als drei Jahrzehnte fortgeführte Arbeit ist für dieses
wichtige Gebiet der Astronomie grundlegend geworden.
Der von *Argelander* eingeführte einfache Beobachtungsvor-
gang (Stufenschätzungsmethode) besteht in der Schätzung
der Helligkeitsunterschiede zwischen nahezu gleich hellen

Sternen ohne andere instrumentelle Hilfsmittel als ein größeres oder kleineres Fernrohr, für die hellen Sterne überhaupt ganz einfach nur mit freiem Auge. In den seit 1840 verflossenen acht Jahrzehnten hat diese Methode bei den Beobachtungen der veränderlichen Sterne durch Liebhaberastronomen eine dominierende Rolle gespielt und zu großen und wichtigen Ergebnissen geführt. Heute können wir die Anzahl der uns bekannten veränderlichen Sterne auf 5000 veranschlagen. Ein umfassendes Werk über die bis 1915 gesicherten veränderlichen Sterne haben mit Unterstützung der „Astronomischen Gesellschaft" *Müller* und *Hartwig* herausgegeben. Wichtige Arbeiten auf dem Gebiete der veränderlichen Sterne haben in unserer Zeit noch u. a. *Hagen, Graff, Guthnick, Ludendorff, L. Campbell,* Miss *Furness, Nijland, Hertzsprung, Bailey,* Miss *Leavitt, E. C. Pickering, Shapley, Zinner, Hellerich, Prager* und die Organisationen der verschiedenen astronomischen Gesellschaften zur Beobachtung der Veränderlichen ausgeführt.

Von größeren allgemeinen Katalogen über die visuelle Helligkeit der Fixsterne seien hier besonders erwähnt: Die von *Müller* und *Kempf* ausgearbeitete Potsdamer Durchmusterung und die von *E. C. Pickering* in den Harvard Annalen veröffentlichten Zusammenstellungen. Photographische Helligkeiten in größerem Maßstabe liegen in den Katalogen von *Schwarzschild* und *Parkhurst,* sowie in Publikationen der Sternwarte in Greenwich vor.

Spektralanalyse. Sterntemperaturen und Sternfarben.

Gesetze der Spektralanalyse.

Die ersten Gesetze über die Zerlegung des Lichtes (Dispersion) hat schon *Newton* 1672 erforscht. Er konnte feststellen, daß das Licht der Sonne, wenn man es durch ein Prisma leitet, in ein Band zerlegt wird, mit allen Farbenschattierungen des Regenbogens von rot bis violett. Dieses Farbenband ist es nun, welches wir als das Spektrum der Sonne bezeichnen. In der modernen Zeit erzeugt man ein derartiges Spektrum auch auf folgende andere Weise: Man läßt das Licht eines leuchtenden Körpers auf ein in einer spiegelnden Oberfläche eingeritztes Gitter fallen und von diesem zurückwerfen.

Die dunkeln Linien im Spektrum der Sonne fand *Wollaston* 1802. Sie wurden späterhin von *Fraunhofer* näher untersucht. Nach ihm haben sie auch ihren Namen als Fraunhofersche Linien erhalten. Die Gesetze für das Auftreten der Linien in den Spektren verschiedener Stoffe wurden von *Kirchhoff* aufgedeckt. In ihrer Anwendung auf astronomische Probleme lassen sich diese Gesetze in populärer Form etwa in folgender Weise ausdrücken:

1. Gibt uns ein Himmelskörper ein Spektrum, das nur aus hellen Linien besteht, ohne Farbenschattierungen, so kann man daraus entnehmen, daß das betreffende Gestirn ausschließlich aus leuchtenden Gasmassen zusammengesetzt ist (Gasnebel).

4*

2. Könnten wir einen selbstleuchtenden Himmelskörper finden, dessen Spektrum nur aus dem zusammenhängenden Farbenbande ohne Linien bestünde (kontinuierliches Spektrum), so wüßten wir, daß dieses Gestirn nur aus festen oder flüssigen, in glühendem Zustande befindlichen Bestandteilen zusammengesetzt sein könnte (wir kennen keinen derartigen Himmelskörper).

3. Gibt uns ein Gestirn ein Spektrum, das aus allen Farbenschattierungen von rot bis violett zusammengesetzt ist und zugleich dunkle (in gewissen Fällen helle) Linien besitzt, so beweist dies, daß wir es mit einem Körper zu tun haben, der aus einem selbstleuchtenden dichteren Kern besteht, umgeben von einer gasförmigen glühenden Atmosphäre (Fixsterne). Es ist sowohl im ersten wie im dritten Falle möglich, aus der Lage der Linien im Spektrum zu entscheiden, aus welchen chemischen Grundstoffen der betreffende Himmelskörper besteht.

Es muß doch hinzugefügt werden, daß diese Formulierung der einfachsten spektralanalytischen Gesetze in hohem Grade schematisch ist. So nähert sich z. B. das Spektrum einer Gasmasse immer mehr dem Spektrum eines festen oder flüssigen Körpers, wenn die Gasmasse an Dimensionen oder an Dichte zunimmt.

Einteilung der Sterne in Spektralklassen.

Schon *Fraunhofer* hatte erkannt, daß man die Spektra der Fixsterne in verschiedene Typen einordnen kann. Von den Forschern, denen die Grundlagen der astronomischen Spektralanalyse zu verdanken sind, seien noch hervorgehoben: *Huggins, Secchi, Vogel, Janssen, d'Arrest* und *Dunér*.

In Abb. 18 sehen wir einen großen Spektrographen abgebildet, der am Okularende eines mächtigen Fernrohres

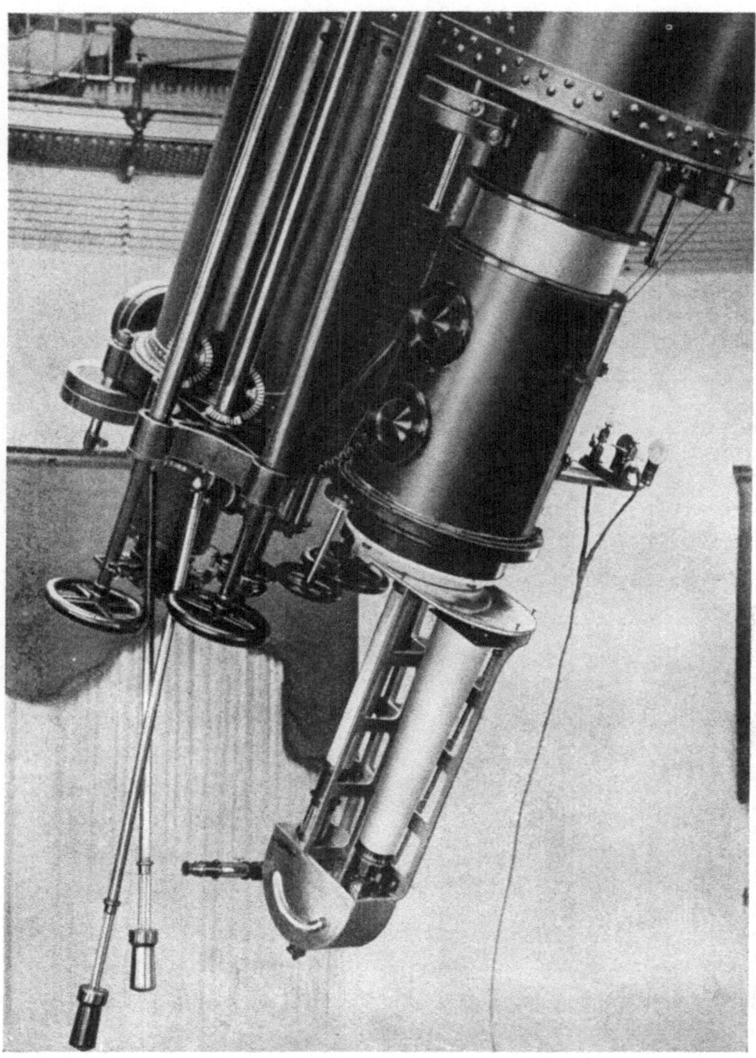

Abb. 18. Refraktor des Astrophysikalischen Observatoriums Potsdam. Am Okularende des Fernrohrs sieht man den aufmontierten Sternspektrographen.

angebracht ist. Dieser Apparat dient dazu, Spektren der Himmelskörper zu photographieren.

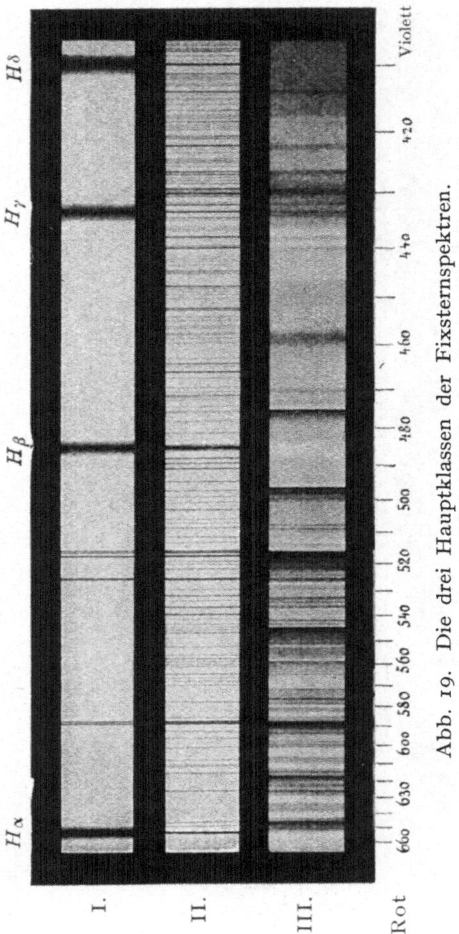

Abb. 19. Die drei Hauptklassen der Fixsternspektren.

Eine von *Secchi* und *Vogel* ausgebildete Einteilung der Spektralklassen der Fixsterne ist in Abb. 19 dargestellt. Typ I entspricht den weißen Sternen, Typ II den gelben, zu denen auch unsere Sonne zu rechnen ist, Typ III schließlich den roten Sternen. In der Abb. 19 konnten die Farbenschattierungen nicht wiedergegeben werden; die Zeichnung gibt aber doch eine Andeutung von einem der wichtigsten Kennzeichen der Spektraltypen: wenn wir von den weißen zu den roten Sternen gehen, so nimmt die Intensität des blauen und violetten Teiles des Spektrums ab.

Ein anderer wesentlicher Unterschied zwischen den Spektraltypen besteht in dem Verhalten der Linien. Im

Abb. 20. Verschiedene Spektraltypen nach einer Objektivprism
Viole

der Harvardsternwarte. In diesen Spektren liegt Rot am rechten,
...en Ende.

Verlag von Julius Springer in Berlin.

Typ I haben wir es hauptsächlich mit einem System von Linien zu tun, die identisch sind mit dem für das Spektrum des Wasserstoffes bekannten Liniensystem (in der Abbildung mit $H\alpha$, $H\beta$, $H\gamma$, $H\delta$ bezeichnet); ihr gegenseitiger Abstand nimmt von der roten zur violetten Seite hin ab. Typ II enthält eine große Anzahl von Linien, welche Metallen zugehören und schließlich finden wir im III. Typus breite Bänder, welche das Vorhandensein von chemischen Verbindungen andeuten.

Die Spektralklasseneinteilung, die in den modernen wissenschaftlichen Untersuchungen Anwendung findet, wurde von *Pickering* und Miß *Cannon* auf der Harvardsternwarte in Amerika ausgearbeitet. Die Haupttypen in diesem System sind mit folgenden Buchstaben bezeichnet:

$$O,\ B,\ A,\ F,\ G,\ K,\ M.$$

Die drei ersten (O, B, A) entsprechen ungefähr den weißen, F und G den gelben und K und M den roten Sternen (siehe die Darstellung in Abb. 19 und 31).

In Abb. 20 ist eine Originalphotographie von *Harvard* wiedergegeben. Die Platte wurde mit einem Fernrohr aufgenommen, vor dessen Objektiv ein Prisma von derselben Größe wie das Objektiv selbst (Objektivprisma) angebracht war. Nach dieser Methode ist es möglich — unter Verzicht auf allergrößte Schärfe in den Details — eine große Anzahl von Sternspektren auf einmal zu erhalten. Auf dem Bilde ist von Miss *Cannon* bei einigen Sternen eingezeichnet, welchem Typus das betreffende Spektrum angehört (F_5 bedeutet ein Spektrum einer Klasse, die gerade in der Mitte zwischen F und G liegt, wie überhaupt mit den Zahlen 1 bis 9 die Übergänge von einem Haupttyp zum anderen angedeutet sind). In der Mitte unten bemerkt man das Spektrum eines

Gasnebels mit den charakteristischen hellen Linien. Der neue gigantische, eben fertig gewordene, auf der Harvardsternwarte ausgearbeitete Katalog von Fixsternspektren (The Henry Draper Catalogue) umfaßt die Klassifizierung von 225 300 Sternen.

Über die Temperatur der Sterne. Anwendung der physikalischen Strahlungsgesetze (*Wien, Planck*).

Ähnlich wie man durch die Anzahl und Lage der Linien im Spektrum eines Sternes über dessen chemische Grundstoffe Aufschluß erhält, so ist es auch möglich, die Oberflächentemperatur der Himmelskörper zu bestimmen, indem man die Intensitätsverteilung in ihren Spektren mit der Intensitätsverteilung in den Spektren von irdischen Lichtquellen und den daraus abgeleiteten Strahlungsgesetzen vergleicht (*Scheiner, Wilsing, Münch, Rosenberg, Sampson, Brill*). Für die Temperatur der verschiedenen Spektralklassen wollen wir folgende Beispiele anführen:

B_1	β Cephei	22 100° C
B_8	Regulus	13 400°
A_0	Wega	11 900°
F_3	Prokyon	7 550°
G_2	η Pegasi	5 260°
K_0	Arktur	4 340°
M	Betelgeuze	3 400°

Diese kleine Tabelle gibt auch eine unzweideutige Bestätigung für die schon seit den Kindheitstagen der Astrospektralanalyse bestehende Annahme, daß Spektraltypus und Sterntemperatur einen parallelen Lauf aufweisen. Da andererseits auch Spektraltypus und Totalfarbe im großen ganzen einen gleichgerichteten Gang zeigen, so wird auch die Farbe eines Sternes ein Maß für seine Temperatur sein.

Definition des Farbenindex.

Mit diesen Fragen steht die Definition des Farbenindex eines Sternes im engen Zusammenhange, eines Begriffes, der in der modernen Stellarastronomie eine wichtige Rolle spielt. Zwischen der Lichtempfindlichkeit des menschlichen Auges und jener der photographischen Platte besteht ein bestimmter systematischer Unterschied, indem die photographische Platte im Verhältnis zum Auge um so unempfindlicher wird, je weiter man zum roten Teil des Spektrums kommt. Es ist daher einleuchtend, daß, wenn wir sagen, es habe ein weißer Stern dieselbe Helligkeit für die photographische Platte und für das Auge, ein roter Stern für die photographische Platte schwächer sein muß als für das Auge. Der Unterschied in Größenklassen für die photographische und visuelle Helligkeit eines Sternes nennt man nun Farbenindex.

Die visuelle Größe eines Sternes läßt sich auch photographisch festlegen, indem man durch Vorsetzen einer Gelbscheibe das blaue und violette Licht des Sternes in seiner Wirkung auf die Platte schwächt und außerdem die Platte vor der Belichtung rotempfindlich macht. Die derart gewonnenen Helligkeiten werden dann als photovisuelle bezeichnet.

Methoden der Farbenbestimmung.

Die Bestimmung des Farbenindex als Unterschied der photographischen und visuellen (photovisuellen) Größenklasse wurde von *Schwarzschild*, *Parkhurst* und *King* eingeführt. Neuere Methoden, die den Farbenindex durch Aufnahmen auf einer einzigen orthochromatischen Platte ergeben, verdanken wir *Seares* und *Tamm* (Abb. 21 und 22).

Ersterer machte eine Aufnahme mit Gelbscheibe (Gelbbild),
daneben vier Aufnahmen ohne Gelbscheibe (Blaubilder) mit
gesetzmäßig wachsender Belichtungszeit. Je nach der Farbe
des Sternes fällt Größe und Schwärzungsgrad des Gelbbildes
an verschiedene Stellen der Blaubildreihe. Das Verhältnis
der Belichtungszeiten für das gleich große und gleich ge-
schwärzte Blau- und Gelbbild ist dann das gesuchte Maß
der Farbe.

Liegt bei einer photographischen Aufnahme der Brennpunkt des Objektivs genau auf der Platte, so wird ein Stern an-

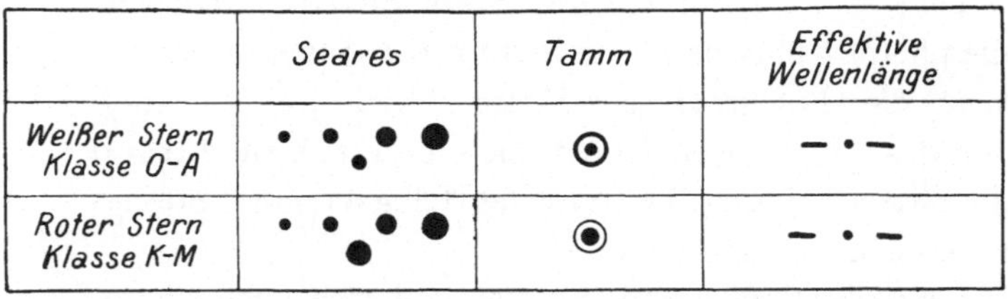

	Seares	*Tamm*	*Effektive Wellenlänge*
Weißer Stern Klasse O-A	• • ● ●	◉	— · —
Roter Stern Klasse K-M	• • ● ●	◉	— · —

Abb. 21. Schematisches Bild der photographischen Farbenbestimmungen nach drei Methoden. Dargestellt ist die Einwirkung des
weißen und roten Sterns auf der Platte.

nähernd punktförmig abgebildet; bei einer extrafokalen Aufnahme (d. h. außerhalb des Brennpunktes) zeigt die Platte
aber den Stern als Scheibchen, da die photographisch
wirksamen blauen Strahlen nicht mehr in einem Punkte
vereinigt werden. *Tamm* benützt dies, indem er die Platte
im gelben Brennpunkt, also außerhalb des blauen (photographischen) Brennpunktes anbringt. Macht man nun eine
einzige Aufnahme mit einer runden Zentralblende von
passend gewählter Größe vor dem Objektiv, so wird dann
das sonst im extrafokalen Sternscheibchen in der Mitte eingeschlossene Fokalbild durch Anwendung der Zentralblende
deutlich freigelegt; der restliche Teil des Scheibchens erscheint

als Ring und bildet das Blaubild. Ähnliche Untersuchungen wie *Tamm*s liegen auch von *Tickhoff* und *Sternberk* vor.

In der letzten Zeit haben *Guthnick* und *Bottlinger* Farbenindices durch Helligkeitsmessungen unter Anwendung von verschiedenfarbigen Filtern bestimmt.

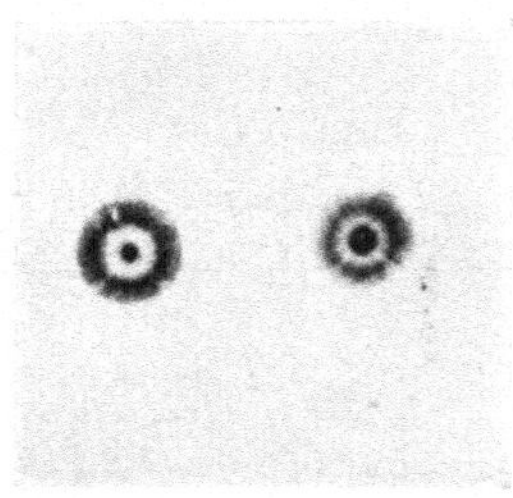

Abb. 22. *Tamm*s Methode zur Bestimmung des Farbenindex. Photographische Aufnahme im gelben Brennpunkte eines photographisch korrigierten, mit einer zentralen Blende versehenen Objektivs. Je roter ein Stern ist, um so schwacher wird der Ring, und um so kraftiger der Kern im Verhaltnis zueinander. Abgebildet sind Omikron 1 und Omikron 2 Cygni. Der erstere gehort nach *Harvard* dem Spektraltypus A 2, der zweite dem Typus G 5 an.

Abb. 23. Sternaufnahmen mit Objektivgitter: Zentralbilder mit Beugungsspektren auf beiden Seiten. Nach *Lindblad*.

Eine weitere Methode zur Bestimmung von Farbenäquivalenten haben, einer von *Comstock* gegebenen Anregung folgend, *Hertzsprung*, *Bergstrand* und *Lindblad* erfolgreich benutzt. Photographische Aufnahmen durch ein Gitter aus parallelen Drähten vor dem Objektiv geben neben dem punktförmigen Sternbild zu beiden Seiten sog. Beugungsspektren. Der Abstand ihrer Stellen stärkster Schwärzung gibt uns ein Maß für die photographisch wirksamste Wellenlänge (effektive Wellenlänge, Abb. 21 und 23). Der Abstand wächst mit zunehmender Rotfärbung der Sterne. Die effektive Wellenlänge kann uns also über die Farbe der Sterne Aufschluß geben, wir können sie dann mit dem Farbenindex in Beziehung setzen.

Wie oben erwähnt, laufen Spektraltypus und Totalfarbe im großen und ganzen parallel, es gibt daher der Farbenindex ein Maß für einige der wesentlichsten Spektraleigenschaften der Fixsterne.

Anwendungen der Spektralanalyse.
Die Physik der Sonne und der Planeten.

Unter den wichtigen astronomischen Untersuchungsmethoden, die auf den Prinzipien der Spektralanalyse beruhen, wollen wir noch zwei hervorheben: Die Anwendung des Dopplerschen Prinzips sowie die Wirkungsweise eines Instrumentes, das den Namen Spektroheliograph führt.

Das Dopplersche Prinzip setzt den Astronomen in die Lage, durch Ausmessung der Linienverschiebungen im Spektrum eines Sternes die Bewegung desselben zu bestimmen, und zwar entweder seine Bewegung von uns weg oder gegen uns zu (Radialgeschwindigkeit oder Bewegung in der Richtung der Gesichtslinie). Die Resultate erhalten wir ausgedrückt in Kilometer per Sekunde. Die Anwendung der Methode wurde visuell im Jahre 1868 von *Huggins* und 1871 von *Vogel* versucht, doch erst 1888 gelang es *Vogel*, durch photographische Aufnahmen der Linienverschiebungen zufriedenstellende Ergebnisse zu erzielen. Gegenwärtig verfügt man über Radialgeschwindigkeiten von ungefähr dreitausend Sternen. Den größten Beitrag hierzu hat die Licksternwarte geliefert (*Campbell*).

Der Spektroheliograph wurde von *Hale* (Mount Wilson) und *Deslandres* (Paris) konstruiert. Er beruht auf folgendem Prinzip: Wir denken uns innerhalb des am Fernrohre fest montierten Spektrographen einen Schirm, der das Sonnenspektrum überdeckt. Der Schirm besitzt nur

einen einzigen schmalen Spalt, durch welchen das Licht
hindurchgehen kann. Wir stellen nun den Schirm im
Spektrographen derart, daß der Spalt gerade genau vor eine

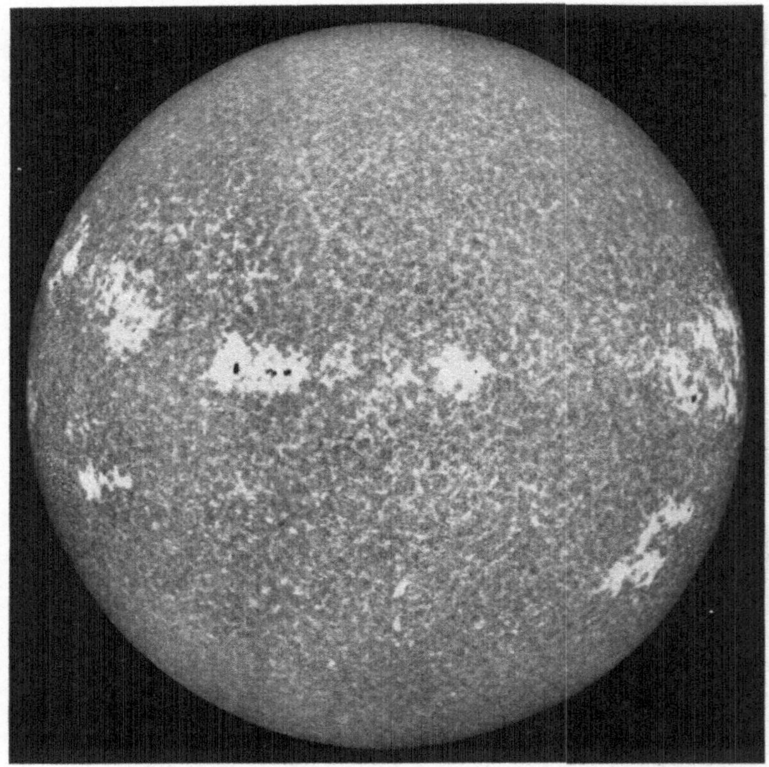

Abb. 24. Sonnenaufnahme im Lichte der Kalziumlinie.

bestimmte Linie im Sonnenspektrum zu liegen kommt.
Auf diese Weise sperren wir das Licht aller Elemente ab,
abgesehen gerade von dem Element, welches die bestimmte

Linie erzeugt hat. Wenn man nun während der photographischen Aufnahme dafür sorgt, daß das Instrument nach und nach über die ganze Sonnenoberfläche geführt wird, so erhalten wir auf diese Weise eine Photographie der Sonne, die uns alle jene Stellen abbildet, wo das betreffende Element auftritt. Abb. 24 gibt uns ein derartiges spektroheliographisches Bild vom Kalzium auf der Sonne (*Hale*). In ähnlicher Weise hat *Hale* auch Sonnenaufnahmen erhalten, die vom Lichte der Wasserstofflinien gewonnen wurden.

Die Erscheinungen auf der Sonnenoberfläche.

Im Gegensatze zu diesen Darstellungen, die uns gleichsam nur einen Ausschnitt aus dem wirksamen Sonnenlicht und den damit verknüpften Erscheinungen geben, zeigt uns eine gewöhnliche Photographie (*Janssen*) die allgemeine Struktur der Sonnenoberfläche oder Photosphäre. Wir erkennen, daß diese keineswegs gleichmäßig hell ist, sondern ein gesprenkeltes Aussehen hat. Sie ist durchsetzt mit körnchenartigen Gebilden, die Granulation genannt wird. Dazwischen finden sich ausgedehnte dunkle Stellen, die Sonnenflecken. Schließlich lassen sich noch helle Streifen, insbesondere in der Nähe von Flecken beobachten, denen der Name Fackeln gegeben wurde. Die Granulation ist keine unveränderliche Erscheinung; man beobachtet beständig rasche Umwälzungen in ihr. Das ist nicht verwunderlich, da ja die Sonnenoberfläche nicht erstarrt ist, sondern nur die Begrenzung eines glühenden Gasballs bildet. Auch die Fackeln ändern ständig ihre Gestalt und das Werden und Vergehen von Sonnenflecken ist eine bereits in alter Zeit festgestellte Erscheinung. Immerhin ist es möglich gewesen, Sonnenflecke solange zu verfolgen, daß man aus ihrer durch die Rotation der Sonne sich ergebenden scheinbaren Wanderung über die Sonnenscheibe die Rotationsdauer selbst feststellen konnte. Diese ist nicht für alle Punkte der Sonne gleich groß, sondern wächst vom Äquator gegen die Pole und, wie neuere Untersuchungen gezeigt haben, auch für die mitgeführten Schichten der Atmosphäre mit zunehmender Höhe über der Sonnenoberfläche. Die Vorstellung von einer verschiedenen Rotationsdauer in verschiedenen Sonnenbreiten mag uns im ersten Augenblick fremdartig vorkommen, weil uns die Erscheinungen auf einer erstarrten Kugel naturgemäß vertrauter sind.

Über die Natur der Flecken.

Die Flecken gewähren einen charakteristischen Anblick. Man erkennt einen dunklen Kern (Umbra), umgeben von einem etwas helleren Teile, der Penumbra. Der dunkle, fast schwarze Eindruck, den die Flecken darbieten, ist aber nur relativ, in Wirklichkeit ist das Licht des Kerns immer noch 500 mal heller als das des Vollmondes. Wir wissen heute, daß ein Sonnenfleck etwa um 2000 Grad kühler ist als die ihn umgebende Photosphäre. Wenn man nun bedenkt, in wie kurzer Zeit ein Sonnenfleck entstehen und vergehen kann, so ahnt man, wie stürmisch die Umwälzungen sind, die auf der Sonne vor sich gehen und wir können mit *Russell* die Flecken als die gewaltigsten Kältemaschinen bezeichnen, die man sich denken kann. Wir müssen uns die Flecken als Wirbel vorstellen: Aus der Tiefe des Sonneninnern scheinen Gasmassen zur Oberfläche hervorzubrechen, die dann seitwärts in Wirbelbewegungen ausströmen. Die Ausdehnung der Gase bewirkt die Abkühlung im Zentrum des Wirbels. Den Untersuchungen *Hale*s ist es gelungen, festzustellen, daß diese Wirbelbewegungen mit elektromagnetischen Kräften verbunden sind.

Die Tatsache, daß die Flecken meist paarweise auftreten, ließ sich dahin deuten, daß der eine den positiven, der andere den negativen Pol des magnetischen Feldes darstellt. Der Rotationssinn des Wirbels ist bei den beiden Flecken stets einander entgegengesetzt. Was sollen wir uns aber von den Flecken denken, die nur einzeln auftreten? Die Erklärung dafür hat *Hale* jüngst erbracht: Es muß auch in diesem Falle ein zweites (das gegenpolige) Wirbelzentrum vorhanden sein, nur ist es unsichtbar, weil die aus der Expansion der Gase hervorgehende Abkühlung nicht hinreichend groß ist, um die Verdunkelung, also die Sichtbarmachung der betreffenden Stelle der Sonnenoberfläche hervorzurufen. Ist das richtig, so muß wenigstens das Vorhandensein des magnetischen Feldes im „unsichtbaren Sonnenfleck" festzustellen sein. Dies ist tatsächlich einwandfrei gelungen durch die Beobachtung des in der Physik wohlbekannten sog. Zeemaneffektes.

Die Erscheinungen in der Sonnenatmosphäre.

Granulation und Flecken sind die Erscheinungen der Photosphäre, der Sonnenoberfläche. Welche Vorgänge spielen sich nun in der von glühenden Gasen erfüllten Chromosphäre, der Atmosphäre der Sonne ab? Die oben besprochenen spektroheliographischen Untersuchungen können uns darüber Aufschluß geben. Es gewährt nämlich das aus dem Kalziumlicht gewonnene Sonnenbild (Abb. 24) einen Einblick in ein höheres, etwa 5000 km über der Photosphäre gelegenes Niveau. Wir finden den Anblick der ungestörten Region der Sonnenatmosphäre sehr ähnlich dem der Photosphäre. Auch hier helle körnchenartige

Gebilde, wie die Granulation, nur wesentlich größer. Man nennt sie **Kalziumflocken**. In den durch Wirbel gestörten Gebieten erkennt man noch die Fleckenkerne, statt der Penumbra aber beobachtet man helle ausgedehnte Fackeln. Im Spektroheliographen lassen sich nun Aufnahmen im Lichte verschiedenster Linien machen, die uns die Struktur der Chromosphäre in einer Reihe von Schichten bis zu etwa 14 000 km über der Photosphäre enthüllen.

Bewegungsvorgänge in der Sonnenatmosphäre.

Die ganze gaserfüllte Sonnenatmosphäre — wir machen nach *Deslandres* und *St. John* keine Trennung zwischen der sogenannten umkehrenden Schicht und Chromosphäre — ist in ständiger Bewegung. Diese komplizierten Bewegungsverhältnisse sollen im folgenden nach der Anschauung von *St. John* skizziert werden: Über der ungestörten Oberfläche der Sonne herrscht eine aufsteigende Strömung bis zum Niveau von etwa 400 km bei einer Geschwindigkeit von etwa 300 m in der Sekunde (m/sek). In diesem Niveau selbst herrscht, abgesehen von zeitlichen Bewegungen, Ruhe, darüber zeigen die Schichten der Atmosphäre eine nach abwärts gerichtete Bewegung. Die Geschwindigkeit dieser Bewegung beträgt in 1000 km Höhe etwa 300, in 14000 km 500 m/sek. Über den Flecken, also dem gestörten Gebiete der Sonnenoberfläche, findet in großer Höhe ein Einströmen der Chromosphärengase statt, und zwar in 14000 km Höhe noch mit einer Geschwindigkeit von 4 km/sek, in 8000 km mit 2 km/sek und schließlich in 1500 km — der höchsten von Eisen- und Aluminiumdämpfen erreichten Schichte — ist die Geschwindigkeit auf Null herabgegangen. In den tieferen Niveaus herrscht — entsprechend der oben besprochenen Vorgänge in den Flecken selbst — eine entgegengesetzte, ausströmende Bewegung, die ständig an Geschwindigkeit zunimmt, je mehr wir uns der Photosphäre nähern.

Die Protuberanzen.

Neben diesen in der Atmosphäre sich abspielenden Vorgängen gibt es noch Erscheinungen, die wohl in der Chromosphäre ihren Ursprung haben, sich aber in einer explosionsartigen Entwicklung weit darüber hinaus erstrecken. Es sind dies die sogenannten Protuberanzen (Abb. 25), die man in früherer Zeit nur gelegentlich einer totalen Sonnenfinsternis beobachten konnte, die aber heutzutage jederzeit spektroskopisch zu untersuchen sind. Die Protuberanzen lassen sich zwanglos in zwei verschiedene Typen einordnen. Die ruhenden oder wolkenartigen Protuberanzen behalten meist ihre Gestalt längere Zeit bei und bestehen im wesentlichen aus Wasserstoff und Kalzium, der andere Typus hingegen, eruptive Protuberanzen genannt, schießt springbrunnenartig empor, verändert in kürzester Zeit Höhe und Gestalt und ist der Hauptsache nach metallischer Natur. Diese Protuberanzen scheinen nach Zeit und Ort ihres Auftretens einen gewissen Zusammenhang mit den Sonnenflecken zu besitzen. Dies ist ganz plausibel, haben wir doch gesehen, daß die glühenden Metalle in den tiefsten Schichten der Sonnenatmosphäre ihren Sitz haben. Die wolkenartigen Protuberanzen hingegen scheinen sich, ihrer stofflichen Zusammensetzung nach, aus den höchsten Atmosphärenschichten zu entwickeln. Die Geschwindigkeit, die von den Protuberanzen entwickelt werden, sind enorm; sie betragen gegen 300 km/sek. Diese explosionsartigen Erscheinungen erreichen auch gewaltige Höhen. Die mit der Chromosphäre zusammenhängenden Protuberanzen sind bis zu 200 000 km Höhe beobachtet worden, wolkenförmige Protuberanzen,

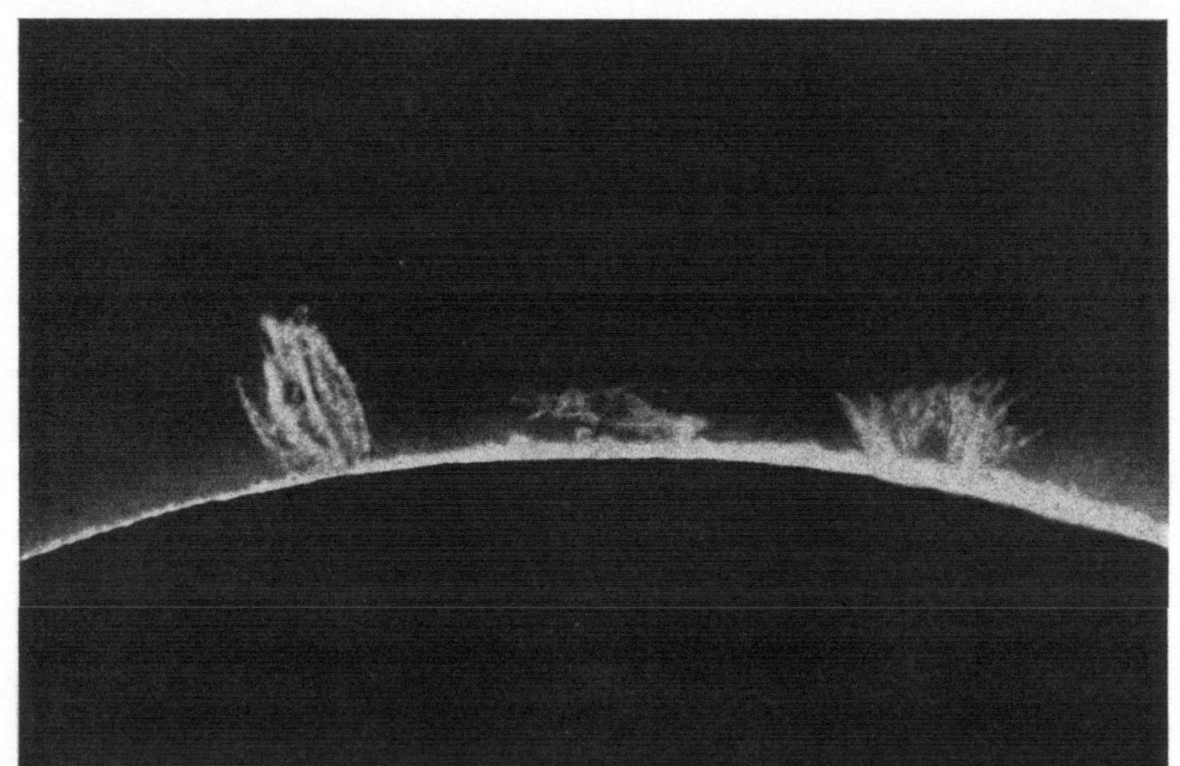

Abb. 25. Protuberanzen während der totalen Sonnenfinsternis vom 28. Mai 1900, aufgenommen von *Barnard* und *Ritchey* auf der Licksternwarte.

die sich von der Atmosphäre losgelöst hatten, sind in noch wesentlich größeren Höhen angetroffen worden. Den Höhenrekord hat wohl im Jahre 1920 jene Protuberanz erzielt, die sich mehr als 800 000 km über die Sonne erhoben hatte. Von der Gewalt dieser Vorgänge können wir uns schwer eine Vorstellung machen, um so weniger, wenn man bedenkt, daß man schon innerhalb eines Zeitraumes von nur 18 Minuten das Emporsteigen einer Protuberanz um mehr als 200 000 km beobachten konnte.

Die Sonnenkorona.

In noch weiterer Entfernung vom Zentrum des Sonnenkörpers finden wir schließlich die Erscheinung der sogenannten Korona, die sich nur in der kurzen Zeitspanne während einer totalen Sonnenfinsternis beobachten läßt. Sie besteht in einem weiß erglänzenden Strahlenkranze, der, oberhalb der Chromosphäre, die Sonne umgibt. Ihre Gestalt ist bei jeder Sonnenfinsternis verschieden, doch zeigt sich immer eine streifenförmige Struktur. Unsere Kenntnisse von dieser überwältigend schönen Erscheinung sind noch sehr lückenhaft. So viel ist doch sicher, daß die Korona den wesentlichsten Teil ihrer Leuchtkraft von reflektiertem Sonnenlichte erhält *(Ludendorff)*.

Von der Oberflächenbeschaffenheit der Planeten.

Die Erforschung der Planeten kämpft mit einer großen Schwierigkeit: Das Zaubermittel der Spektralanalyse versagt. Da die Planeten nicht selbstleuchtend sind und nur im reflektierten Sonnenlichte erstrahlen, kann uns das Spektroskop, wenn wir es auf die Planeten richten, wenig mehr mitteilen, als was wir schon von der Sonne wissen. So kommt es, daß wir, im Vergleich zu den enormen Fortschritten in der Fixsternphysik, über die Planeten noch immer recht wenig wissen. Merkur, der sonnennächste Planet, besitzt eine erstarrte, wahrscheinlich gebirgige, unserem Monde ähnliche Oberfläche. Eine Atmosphäre ist vielleicht vorhanden, doch kann sie nur sehr dünn sein. Die Oberfläche der Venus ist der Beobachtung nicht zugänglich, sondern durch eine darüber lagernde Wolkenhülle verdeckt. Diese Hülle verursacht eine besonders kräftige Reflexion des Sonnenlichtes. Das Vorkommen von Wasserdampf in der Venusatmosphäre wurde allgemein angenommen, neuere amerikanische Untersuchungen scheinen aber gegen diese Annahme zu sprechen.

Beim Planeten Mars ist es möglich, Einzelheiten der Oberfläche zu beobachten. Die auffallendste Erscheinung sind die weißen Polflecke, die entsprechend der Marsjahreszeiten an Größe zu- oder abnehmen. Die dazwischen liegenden Gebiete sind von hellen und dunklen, verschieden gefärbten Flecken durchsetzt. Von manchen Beobachtern (insbesondere *Schiaparelli, Lowell*) sind außerdem zahlreiche feine scharfe Linien, die sogenannten „Kanäle" gesehen worden. Ihre reelle Existenz wurde vielfach angezweifelt (*Cerulli, Barnard, Maunder, Antoniadi, Graff*). Eine zwanglose Erklärung dieser vielumstrittenen Erscheinung verdanken wir *Kühl*. Nach dieser sind die Kanäle keine reellen Gebilde, sondern nichts anderes als eine optische Täuschung infolge der Wirkung von Helligkeitskontrasten. Einfache Experimente haben es bestätigt, daß das Auge unter gewissen Voraussetzungen, die auf dem Mars gegeben sind, zwischen dunklen Flecken feine Verbindungslinien uns vorgaukelt, die in Wahrheit nicht vorhanden sind.

Photographische Marsaufnahmen, die gelegentlich der günstigen Beobachtungsmöglichkeiten des Sommers 1924 von *Wright* gemacht wurden, haben wertvolle Ergebnisse gezeitigt: Durch die Wahl besonders präparierter Platten konnte er einerseits ein normales Oberflächenbild gewinnen, das die bekannten Fleckengebilde zeigte, andererseits aber auch ein Bild, das nur vom Licht der Atmosphäre erzeugt war. Details sind hier nicht mehr zu erkennen, merkwürdigerweise treten aber die Polflecke wesentlich deutlicher und größer hervor. Wir werden damit zu der Annahme geführt, daß die Polflecke nur zum geringsten Teil der Oberfläche des Planeten angehören, der Hauptsache nach aber Erscheinungen sind, die in der Marsatmosphäre ihren Sitz haben. Die Höhe der Atmosphäre schätzt *Wright* zu 200 km; das ist ungefähr derselbe Betrag wie bei der Erde. Wir verfügen heute auch schon über angenäherte Temperaturbestimmungen (*Menzel, Coblentz, Lampland, Pettit* und *Nicholson*).

Jupiter, der größte Planet, besitzt ähnliche Wolkenbildungen wie die Venus. Auffallend sind Bänder und Streifen, die oft starken Veränderungen unterworfen sind. Es steht wohl fest, daß diese dunklen Streifen und Flecken inferen Schichten angehören, als die hellen Gebiete; ob wir aber an diesen Stellen bereits auf die Oberfläche des Jupiter selbst herabblicken, können wir derzeit noch nicht mit Sicherheit behaupten.

Saturn erscheint im Fernrohr ähnlich gestreift wie Jupiter. Auch dieser Planet ist von einer zweifellos mächtigen Atmosphäre eingehüllt. Die Planetenkugel ist von einem freischwebenden Ring umgeben, der das Entzücken eines jeden Beschauers erweckt. Dieser Ring ist keine zusammenhängende Masse (von *Maxwell, Seeliger* und *Müller*, und von

Keeler nach verschiedenen Methoden nachgewiesen), sondern besteht aus einer Unzahl von kleinen Körperchen, die, in einer flachen Scheibe angeordnet — der Ring besitzt nämlich nur eine ganz geringe Dicke — gleichsam als Monde den Planeten umkreisen.

Die beiden äußersten Planeten U r a n u s und N e p t u n sind gleichfalls von einer dichten Atmosphäre umgeben. Fleckenbildungen lassen sich bei diesen Körpern, die, im Fernrohr nur als kleine Scheibchen erscheinen, nur schwer beobachten und nicht mit Sicherheit feststellen.

Und damit verlassen wir unsere engste Heimatgegend, das Sonnensystem, und begeben uns auf die Wanderung in die weite Welt.

Doppelsterne und Veränderliche.

Von den Doppelsternen.

Die Astronomie der visuellen Doppelsterne wurde von *W. Herschel* und *W. Struve* begründet und ist dann von einer ganzen Reihe von Forschern weitergeführt worden. Unter den wichtigsten Namen wären zu nennen: *Dunér, Schiaparelli, Burnham, Aitken, Hussey, Doberck, Innes, Lau, See, Jonckheere.* Es gibt aber außer den visuellen Doppelsternen, das sind solche Sternpaare, die bei direkter Beobachtung als solche zu erkennen sind, noch zwei andere Gruppen von Doppelsternen: die spektroskopischen, deren Doppelsternnatur durch periodische, auf Grund des *Doppler*schen Prinzipes aufgedeckte, Veränderungen ihrer Radialgeschwindigkeit festgestellt wurde (zum ersten Male 1888 von *Vogel*), und die sogenannten Bedeckungsveränderlichen, welche ihre Doppelsternnatur durch periodisch wiederkehrende Bedeckungen offenbaren. Es zeigen sich regelmäßige Schwankungen der Helligkeit von charakteristischem Gepräge, hervorgerufen durch die zeitweisen Verfinsterungen. Man faßt diese Veränderlichen als Algol- und β Lyrae-Typus zusammen.

Folgende zwei Ergebnisse aus dem Studium der Doppelsterne können als die wichtigsten bezeichnet werden: Die Entfernungsbestimmung einer Anzahl von Doppelsternen (individuelle Parallaxen, siehe nächster Abschnitt) sowie die Bestimmung ihrer Massen (individuell oder in Form von Mittelwerten). Diese beiden Probleme lassen sich nur unter gewissen besonderen Voraussetzungen lösen, deren Besprechung uns hier zu weit führen würde. Die gewonnenen Ergebnisse sind aber — insbesondere auf dem Gebiete der Massenbestimmungen (*Ludendorff, Russell, Shapley*) — von größter allgemeiner stellarastronomischer Bedeutung. Über die schwierige und heute noch ungelöste Frage nach der Entstehungsgeschichte (Kosmogonie) der Doppelsterne haben u. a. *Poincaré, Darwin, Jeans, Russell* und *Moulton* gearbeitet.

Über Veränderliche Sterne.

Wir haben oben eine Gruppe von veränderlichen Sternen besprochen, deren Lichtwechsel durch regelmäßig wiederkehrende Verfinsterungen des Hauptsternes eines Doppelsternensystems durch seinen Begleiter hervorgerufen werden. Neben diesen Veränderlichen, deren Gesetze einwandfrei aufgedeckt worden sind, gibt es noch eine ganze Reihe von anderen Typen, bei denen die Erklärung ihrer regelmäßigen oder unregelmäßigen Lichtschwankung auf wesentlich größere Schwierigkeiten stößt. Auf einige derselben wollen wir im folgenden kurz hinweisen:

So kennen wir Veränderliche — es sind durchwegs rote Sterne der Spektralklasse M — bei denen die Periode des Lichtwechsels ungefähr ein Jahr beträgt. Es zeigte sich nun, daß Alter und Periode dieser Sterne in einem Zusammenhange steht, in dem Sinne, daß die jüngsten Vertreter des Typus eine Periode von etwa 450 Tagen besitzen, weiter entwickelte eine kürzere und die ältesten eine Periode von etwa 100 Tagen. Die Ursache des Lichtwechsels mag in eruptiven Vorgängen liegen, ähnlich wie wir sie bei der Sonne kennen gelernt haben. Man kann sich auch gut vorstellen, daß diese Ausbrüche mit steigender Temperatur und wachsendem

Alter des Sternes sich in häufigeren Intervallen wiederholen und so zu kürzerer Periodenlänge Anlaß geben.

Ein wichtiger Typus der Veränderlichen sind die sogenannten Cepheiden, mitunter auch Blinksterne genannt. Es ist bisher noch nicht gelungen, die Ursachen des außerordentlich gesetzmäßig verlaufenden Lichtwechsels dieser Sterne einwandfrei festzustellen. Es gibt Cepheiden mit einer Periode von einigen Tagen. Diese zeigen eine auffallende Anhäufung im Gebiete der Milchstraße, während die kurzperiodischen mit einer Helligkeitsschwankung innerhalb einer Zeitspanne von weniger als einem Tage regellos am Himmel verteilt sind. Sie finden sich auch in den kugelförmigen Sternhaufen (*Bailey*) und haben für die Erforschung dieser Gebilde wichtige Dienste geleistet (siehe Punkt 10, S. 90).

Es gibt Sterne, wie etwa R in der nördlichen Krone, mit einer im allgemeinen konstanten Helligkeit, die aber plötzlich stark abnimmt und dann wieder nach kürzerer oder längerer Zeit den ursprünglichen Betrag erreicht. Hier haben wir es vielleicht mit dunklen Wolken zu tun, die dieses Phänomen der Veränderlichkeit verursachen.

Auch die sogenannten neuen Sterne, bei denen der umgekehrte Vorgang eines plötzlichen starken Aufleuchtens beobachtet wird, müssen wir zu den veränderlichen Sternen rechnen. Das Nova-Problem ist zur Zeit noch nicht gelöst; es sind aber über die Entstehung der Novae, ebenso wie über die Beziehungen zwischen den neuen Sternen, den sog. planetarischen Nebeln und den O- und B-Sternen höchst interessante Untersuchungen angestellt worden, die wohl in absehbarer Zeit zu endgültigen Resultaten führen werden. Es sind auf diesen Gebieten besonders die Namen *H.D.Curtis* und *J. S. Plaskett* zu erwähnen.

Moderne Stellarastronomie.

Das Problem der modernen Stellarastronomie läßt sich in vier Punkten zusammenfassen:

1. Die Stellung der Fixsterne, Sternhaufen und Nebel im Weltall,
2. ihre Bewegungsverhältnisse,
3. ihre physikalisch-chemische Beschaffenheit,
4. ihre Entwicklungsgeschichte.

Auf allen diesen vier Gebieten haben die letzten Jahrzehnte große Ergebnisse gezeitigt, größere als während der ganzen vorherigen Entwicklungsperiode.

Die Bewegungen der Fixsterne.

Sollten wir unter den angeführten vier Hauptproblemen der modernen Stellarastronomie jenes bezeichnen, das heutzutage in bezug auf die Allgemeingültigkeit der gewonnenen Resultate noch am meisten rückständig ist, so gilt dies ohne Zweifel für das zweite Problem, das Problem der Bewegungsverhältnisse.

Dies ist nicht so aufzufassen, als besäßen wir nicht in unseren Tagen ein großes Beobachtungsmaterial: Kennt man doch schon ungefähr dreitausend Radialgeschwindigkeiten, und was die „Eigenbewegungen" betrifft — das ist jene Komponente der Bewegung der Fixsterne, welche senkrecht auf der Gesichtslinie zum Sterne steht — so gab schon 1910 der berühmte „Preliminary General Catalogue" von *Lewis Boss* Eigenbewegungen für mehr als 6000 Sterne, und seither ist wieder eine große Anzahl neuer Bestimmungen hinzugekommen. Es handelt sich da um Eigenbewegungen von den größten mit 10 Bogensekunden im Jahre bis zu solchen mit geringen Bruchteilen von einer Bogensekunde.

Man kann auch nicht behaupten, es seien bisher noch keine interessanten allgemeinen Sätze über die Bewegungen der Fixsterne gefunden worden. Konnte man doch beispielsweise im Laufe des 19. Jahrhunderts einen systematischen Richtungssinn bei den beobachteten Eigenbewegungen der Fixsterne feststellen und daraus die Bewegung unserer Sonne (zugleich unseres Sonnensystems) innerhalb des Fixsternsystems bestimmen. Es zeigt sich, daß unser Sonnensystem gegen einen Punkt im Sternbilde des Herkules eilt. Auf Grund des Studiums der Eigenbewegungen erzielten dieses Ergebnis: *W. Herschel, O. Struve, Mädler, Airy, L. Boss, Kapteyn, Kobold, Newcomb* u. a.; auf Grund des Studiums der Radialgeschwindigkeiten u. a. *Campbell, B. Boss, Gyllenberg, Paraskevopoulos, Strömberg.* Die Radialgeschwindigkeiten gaben außerdem die Geschwindigkeit der Sonnenbewegung zu 20 km in der Sekunde.

Und noch mehr: Im Jahre 1904 erhielt *Kapteyn* durch Bearbeitung eines Materials von 2400 Eigenbewegungen das auffallende Resultat, daß sich diese Sterne im großen ganzen nach zwei verschiedenen Richtungen, in zwei voneinander getrennten Strömen, bewegen. Die von *Kapteyn* entdeckte Eigentümlichkeit in den Bewegungen der Sterne ist von *Eddington, Dyson, Hough, Halm, Schwarzschild, Charlier, Oppenheim* u. a. studiert worden. Über die Deutung des Phänomens herrscht noch keine Einigkeit.

Trotz all diesen Errungenschaften muß aber gesagt werden: Fürs erste ist das heute vorliegende Material über die Bewegungen der Fixsterne im Verhältnis zur Zahl der bekannten Sterne doch noch sehr gering; und zum zweiten: Beide erwähnten Gesetzmäßigkeiten der scheinbaren Sternbewegung am Himmel, nämlich die eine, welche nur die Bewegung unseres Sonnensystems innerhalb des Gesamtsystems abspiegelte und die andere, das *Kapteyn*sche Phänomen, das eine Trennung der Sterne in zwei Gruppen verschiedener Bewegungsrichtung andeutete, beide diese Gesetzmäßigkeiten haben aus einem besonderen Grunde allmählich einen nicht unwesentlichen Teil ihrer allgemeinen Bedeutung eingebüßt.

Es ist von vornherein klar, daß sich die aufgedeckten Gesetzmäßigkeiten der Bewegungen naturgemäß nur gerade auf jenes Sternmaterial beziehen, das durch diese speziellen Untersuchungen herangezogen wurde (alle Bewegung relativ). Nun umfaßt aber auch dieses Material, der Hauptsache nach, nur solche Sterne, die uns verhältnismäßig nahe sind. Das Material der beobachteten Eigenbewegungen aus dem Grunde, weil ja Sterne in großer Entfernung von uns normalerweise so langsame Eigenbewegungen zeigen müssen, daß diese sich während der verhältnismäßig kurzen Zeit von ungefähr anderthalb Jahrhunderten, für die wir genaue Sternpositionen besitzen, noch nicht bemerkbar machen konnten. Bei dem Material aus den Radialgeschwindigkeiten wiederum deshalb, weil nur die hellsten Sterne für die auf der Anwendung des *Doppler*schen Prinzips beruhende spektralanalytische Untersuchung zugänglich sind. Normalerweise kann man aber nicht annehmen, daß sich die hellsten Sterne gerade in besonders großer Entfernung von uns befinden.

Diese zwei Argumente haben in der allerletzten Zeit durch Untersuchungen über die Dimensionen unseres Sternsystems eine wesentliche Stütze gefunden, Untersuchungen, die wir *Shapley* verdanken und die in ungeahnter Weise unsere Vorstellungen über die Ausdehnung des Milchstraßensystems erweitert haben. Dadurch ist eine Reihe von Gesetzmäßigkeiten, die wir aus den Beobachtungen festgestellt hatten, auf nur rein lokale Phänomene zurückgeführt worden. Wir kommen später auf diese wichtigen Untersuchungen *Shapleys* noch zurück.

Eine dritte Gesetzmäßigkeit, die auch in der modernen Stellarastronomie eine große Rolle gespielt hat, liegt in einer zuerst 1891 von *Monck* gemachten Entdeckung, die dann später von vielen anderen Astronomen, wie *Kapteyn*, *Hertzsprung*, *Pannekoek*, *Campbell*, *Gyllenberg* u. a. bestätigt wurde. Es handelt sich um die Aufdeckung einer eigentümlichen Beziehung zwischen der Spektralklasse der Sterne und ihrer Bewegung. Verwenden wir — wie jetzt allgemein üblich — die Harvardeinteilung, O, B, A, F, G, K, M, so zeigt es sich, daß im Durchschnitt die Bewegungsgeschwindigkeit der Sterne im Raume um so größer ist, je weiter wir in der Spektralreihe von O gegen M kommen. Zur Erklärung dieser auffallenden Erscheinung wurden schon verschiedene Versuche unternommen (*Strömberg* u. a.), die Frage ist aber heute noch nicht geklärt.

Das Entfernungsproblem und der Bau des Weltalls.

Die klassische Methode zur Messung der Entfernung eines Fixsterns kann auf folgende Weise angedeutet werden:

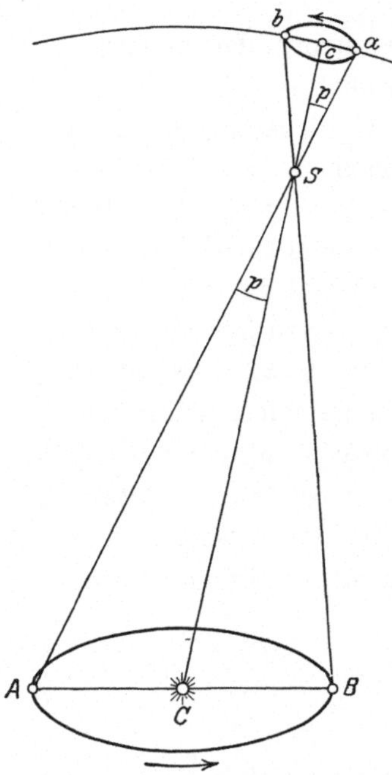

Abb. 26. Die durch die Bewegung der Erde um die Sonne auftretende scheinbare Bahn eines Sterns am Himmelsgewölbe. Definition der Parallaxe.

Wir sehen in Abb. 26 die Sonne C und die Erde in ihrer Bahn ABA um die Sonne. Man erblickt nun von der Erde aus einen hinreichend nahen Stern S zu verschiedenen Jahreszeiten in verschiedener Richtung. Es wird also solch ein relativ naher Stern im Verhältnis zu anderen sehr weit entfernten Sternen für uns scheinbar eine kleine geschlossene Bahn am Himmel beschreiben. Der Winkel p wird die Parallaxe des Sternes S genannt. Es ist dies der von den beiden Richtungen SA und SC eingeschlossene Winkel, zugleich der größte Winkel, unter dem man vom Stern S aus den Abstand der Erde

von der Sonne (den Halbmesser der Erdbahn *AC*) er-
blicken kann.

Definition der Einheitsentfernung.

Da alle Sterndistanzen sehr groß und daher alle Sternparallaxen sehr klein sind — die größte bisher gemessene
Parallaxe beträgt nicht mehr als $^3/_4$ einer Bogensekunde —
hat man als Abstandseinheit der modernen Stellarastronomie jene Distanz gewählt, in welcher der Halbmesser der
Erdbahn unter dem Winkel von einer Bogensekunde ($1''$)
erscheint. Dies ist die Entfernung, die der Parallaxe von $1''$
entspricht. Man nennt dieses Einheitsmaß für stellarastrono-
mische Entfernungen Parsec (Sternweite). Neuerdings
macht man auch vielfach Angaben in Kiloparsec $= 1000$ Parsec. Ein Parsec hat eine Länge von ungefähr· 30 Billionen
Kilometer.

In populären astronomischen Büchern spricht man meist
von einem anderen Einheitsmaß, dem Lichtjahre. Dies
bedeutet die Distanz, die vom Lichte (das in der Sekunde
300 000 km zurücklegt) im Laufe eines Jahres durcheilt
wird. Ein Parsec ist 3,26 Lichtjahren gleichzusetzen.

Ältere Methoden der Abstandsbestimmung.

Schon *Kopernikus* hatte versucht, Sternparallaxen zu
bestimmen, jedoch ohne Erfolg. Dasselbe negative Ergebnis
brachten alle Anstrengungen von *Tycho Brahe, Hooke,
Picard, Flamsteed, Römer* und *Piazzi*. Erst Ende der dreißi-
ger und Anfang der vierziger Jahre des 19. Jahrhunderts
gelang es, brauchbare Sternparallaxen zu gewinnen (*Bessel,
W. Struve, Henderson*). Seither sind einige hundert gut ver-
bürgte Sternparallaxen nach der oben angedeuteten, sogenannten trigonometrischen Methode — Sternpositions-
bestimmungen in verschiedenen Jahreszeiten — entweder

durch Mikrometermessungen oder auf photographischem Wege gewonnen worden (*Schlesinger, Mitchell* u. a.).

Es besteht jedoch wegen der Kleinheit der meisten Parallaxen nur eine sehr geringe Hoffnung, daß diese Methode in wirklich großem Maßstabe wird angewendet werden können.

Wir werden später noch auf den Reichtum an in dire k - te n, erst in den letzten zwei Jahrzehnten der Astronomie dienstbar gemachten, Methoden zur Abstandsbestimmung in der Sternenwelt zu sprechen kommen, wollen aber zwei indirekte Verfahren, die bereits aus einer früheren Zeit stammen, schon jetzt erwähnen. Diese beiden Methoden geben zwar nur einen Überschlag von Durchschnittsparallaxen für eine größere Gruppe von Sternen, also keine individuellen Parallaxen, sie haben aber in der Sturm- und Drangperiode der Stellarastronomie eine wichtige Rolle gespielt.

Die erste Methode (*W. Herschel*) geht von der Annahme aus, daß die Helligkeit der Sterne im allgemeinen ein Maß ihres Abstandes ist; daß demnach durchschnittlich die hellsten Sterne als die nächsten, die schwächsten als die entferntesten anzusehen sind. Auf Einzelfälle angewendet wäre diese Hypothese gänzlich unrichtig, es besteht aber kein Zweifel, daß sie für eine größere Zahl von Sternen zum Teil eine Berechtigung besitzt. Tatsächlich sind auch die ersten, auf eingehenden Beobachtungen begründeten Ergebnisse über den Bau unseres Sternsystems (*Herschel*) aus der Anwendung dieser Hypothese hervorgegangen.

Die zweite Methode zur Bestimmung von Durchschnittsparallaxen wurde hauptsächlich von *Kapteyn* angewandt und führte zu großen und bedeutsamen Resultaten. Diese Methode stützt sich auf unsere Kenntnisse über die Eigenbewegungen der Fixsterne. So wie uns ein Stern licht-

schwächer erscheinen muß, wenn wir ihn von uns weiter
weg gerückt denken, so müßte in ganz gleicher Weise seine
scheinbare Eigenbewegung bei einer solchen Verschiebung vermindert werden. Oder mit anderen Worten: wir
sind zu der Annahme berechtigt, daß die Eigenbewegung
der Sterne bis zu einem gewissen Grade ein Maß ihrer
Entfernung ist; im Mittel deuten also große Eigenbewegungen auf eine relativ kleine Distanz und demenstprechend
kleine Eigenbewegungen auf große Distanz hin. Wir können
uns also für größere Gruppen von Sternen (z. B. Sterne
gleicher Helligkeit) aus der Kenntnis ihrer Eigenbewegungen
wahrscheinliche Werte ihrer durchschnittlichen Entfernung
verschaffen.

Die früheren Anschauungen über das Sternsystem.

Nach Methoden, die im wesentlichen auf obigen — hier
natürlich nur schematisch dargestellten — Prinzipien beruhen, waren nach und nach von verschiedenen Forschern,
wie *W. Herschel, J. Herschel, Newcomb, Seeliger, Charlier,
Kapteyn* Vorstellungen über die Gestalt und Dimensionen
des Systems entwickelt worden, das von den für uns sichtbaren einzelnen Sternen gebildet wird.

Schon eine oberflächliche Betrachtung des Sternhimmels
zeigt, daß in ihm der Milchstraße eine entscheidende Rolle
zukommt. Abb. 27 gibt uns ein lehrreiches Bild des Unter-
schiedes zwischen den dichtesten Teilen der Milchstraße
und einem sternarmen Gebiete des Himmels (letzterer
Fall ist jedoch recht ungewöhnlich, so daß man hier mit
großer Wahrscheinlichkeit das Vorhandensein von dunklen
Wolkenmassen annehmen kann, welche die Sterne abschir-
men). Einen guten Begriff von der in der Milchstraße
herrschenden Sternfülle vermag uns auch die schöne Heidel-

Abb. 27. Eine Stelle der Milchstraße, verglichen mit einer sternarmen Gegend östlich von θ Ophiuchi. Nach *H. D. Curtis*.

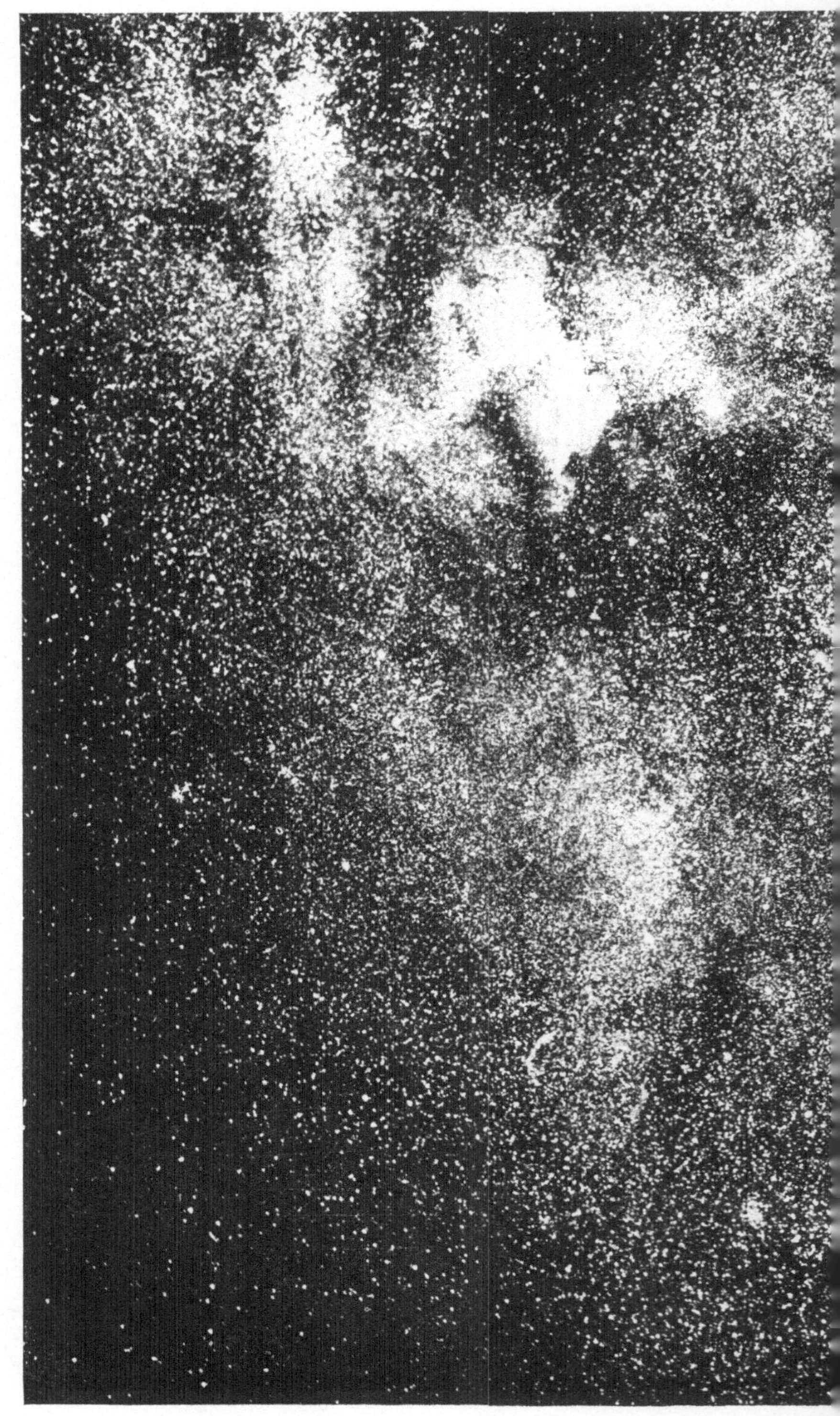

Abb. 28. Die Milchstraße im Sternbilde Cygnus. Aufgenommen
(Belichtun

1923 von *M. Wolf* auf der Sternwarte Königsstuhl-Heidelberg.
tunden.)

Verlag von Julius Springer in Berlin.

berger Aufnahme zu geben (Abb. 28). Sie stellt eine Gegend im Sternbilde des Schwans dar.

Die systematischen Untersuchungen ergaben folgendes Bild: Wir befinden uns ziemlich nahe der Mitte eines linsenförmigen Sternsystems, in dem die Sterndichte nach außen ständig abnimmt. Man hat die Dimensionen dieses Systems in der Milchstraßenebene zu mehr als 10 000 Parsec veranschlagt; in der Richtung senkrecht zur Ebene der Milchstraße zu einem Drittel oder Viertel dieser Strecke.

Abb. 29 zeigt eine Photographie des sogenannten Andromedanebels. Noch vor einigen Jahren dachte man sich ziemlich allgemein unser Milchstraßensystem ähnlich dem System dieses „Nebels", und zwar so, daß der dichte innere Teil dem für uns sichtbaren Systeme von einzelnen Sternen entspräche, welches das Material für die früher besprochenen Untersuchungen geliefert hat. Nahe der Mitte dieses Systems hätten wir uns unsere Sonne zu denken. Die weiter nach außen sich erstreckenden dünneren Regionen des Nebels würden dann den Sternwolken in der Milchstraße selbst entsprechen.

So stand die Sachlage bis vor wenigen Jahren, als *H. W. Shapley*, heute Direktor der Harvardsternwarte als Nachfolger von *E. C. Pickering*, seine Untersuchungen über den Bau und die Dimensionen des Milchstraßensystems zu veröffentlichen begann.

Die modernen Methoden der Distanzbestimmungen im Weltraum.

Bevor wir daran gehen, *Shapleys* epochemachende Ergebnisse zu entwickeln, wollen wir zuerst die Hauptpunkte der modernen Methoden der Abstandsbestimmungen besprechen, um so einen Überblick über die verschiedenen Wege zu bekommen, die der Astronomie der letzten Jahre für

Abb. 29. Andromedanebel. Nach einer Aufnahme von *Ritchey*.

die Berechnung der Entfernungen im Weltall zur Verfügung standen. Im Hinblick auf diese Methoden ist ein besonders wichtiger Umstand hervorzuheben, der bei der Bestimmung des Abstandes zu geschlossenen Systemen, wie kugelförmigen Sternhaufen, sogenannten Spiralnebeln und Doppelsternsystemen, eine Rolle spielt: da sich die einzelnen Sterne dieser Systeme im Vergleich zu ihrer Entfernung von uns sehr nahe beieinander befinden, so geben ihre scheinbaren Helligkeiten auch ein treues Bild des gegenseitigen Verhältnisses ihrer wahren Helligkeiten, im Gegensatze zu den sonst bei den Sternen geltenden Beziehungen: Bei anderen Sternen kann ja ein Vergleich der scheinbaren Helligkeiten uns nur dann ein Bild der Verteilung der wahren Helligkeiten verschaffen, wenn uns die Entfernung der einzelnen Sterne bekannt ist.

Nach dieser Vorbemerkung wollen wir nun die Hauptmethoden der astronomischen Distanzmessungen im folgenden zusammenstellen:

1. Die direkte sogenannte trigonometrische Methode. Sie ergibt Einzelparallaxen.

2. Die oben angedeutete Methode mit Zuhilfenahme der scheinbaren Helligkeiten. Sie verschafft nur Durchschnittsparallaxen für große Gruppen von Sternen.

3. Die von *Kapteyn* angewandte Methode auf Grund der Eigenbewegungen der Sterne. Auch sie ergibt nur Durchschnittsparallaxen.

4. Methoden, die auf Doppelsternsysteme angewendet werden können. Sie verschaffen Einzelparallaxen.

5. Eine besondere, zuerst von *Lewis Boss* angegebene Methode. Sie läßt sich auf die einzelnen Mitglieder der sogenannten Bewegungssternhaufen (moving clusters) anwenden und liefert ebenfalls Einzelparallaxen. (Vgl. Astronomische Miniaturen S. 58—60.)

6. Eine sowohl für Kugelhaufen (globular clusters) wie für Spiralnebel geeignete Methode ist folgende: Kennt man für eine Anzahl von Sternen, die über den ganzen Himmel oder einen großen Teil des Himmels verteilt sind, Mittelwerte der Radialgeschwindigkeiten, so kann man mit ziemlicher Sicherheit von den „Eigenbewegungen" auf die Distanzen schließen. So hat es sich beispielsweise bei den Spiralnebeln gezeigt, daß sich diese Gebilde durch sehr große Radialgeschwindigkeiten auszeichnen, hingegen nur ganz verschwindend kleine „Eigenbewegungen" (scheinbare Bewegung am Himmel) besitzen. Wir ziehen nun daraus den Schluß, daß die Spiralnebel sich in sehr großem Abstande von uns befinden.

7. Die Methode mit Hilfe der „Luminositätskurve" (*Kapteyn*). Untersucht man die Mitglieder unseres Sternsystems auf die Häufigkeit der verschiedenen absoluten (wahren) Helligkeiten, so zeigt es sich, daß nicht alle Helligkeitsgrade gleich oft vorkommen. Die größten Werte der absoluten Helligkeiten sind selten, und es gibt eine bestimmte absolute Sternhelligkeit, die vorherrschend ist. Man kann diese Tatsache nun graphisch in Gestalt einer Kurve darstellen, die erkennen läßt, wie oft die einzelnen Helligkeiten auftreten (relativ). Diese Kurve wird Luminositätskurve genannt. Haben wir nun für ein geschlossenes Sternsystem Grund, anzunehmen, daß dort dieselben Verhältnisse wie in unserem Systeme herrschen, die sich demnach auch durch diese Kurve darstellen lassen, so verschafft uns ein Vergleich der in dem betreffenden Sternsystem gemessenen Helligkeiten — die ja nach dem früher Gesagten proportional den wahren Helligkeiten sind — mit unserer Kurve die Möglichkeit, die Entfernung des Systems zu berechnen.

8. Die Methode unter Zuhilfenahme der neuen Sterne in den Spiralnebeln. Man hat in letzter Zeit eine große Anzahl neuer Sterne in den Spiralnebeln entdeckt. Da es nun bis zu einem gewissen Grade wahrscheinlich ist, daß die wahre Durchschnittshelligkeit der neuen Sterne in den Spiralnebeln angenähert dieselbe ist wie die wahre Durchschnittshelligkeit der neuen Sterne in unserer nächsten Umgebung, so können wir also aus der scheinbaren Helligkeit dieser Gestirne in den Spiralnebeln einen Anhaltspunkt für die Beurteilung der Distanz der Spiralnebel erhalten (*Curtis, Lundmark*).

9. Die Methode von *Kohlschütter* und *Adams*. Diese beiden Forscher haben eine Methode ausgearbeitet, die auf ganz anders gearteten Prinzipien aufgebaut ist. Es hat sich nämlich herausgestellt, daß bei Sternen von im übrigen gleichem Spektraltypus verschieden große absolute Helligkeiten mit gewissen eigentümlichen Verschiedenheiten im Aussehen der Spektrallinien Hand in Hand gehen. Es ist daher möglich geworden, die absolute Helligkeit der Sterne aus diesen spektralen Besonderheiten zu bestimmen. Wenn wir nun bedenken, daß man ja aus der Kenntnis der scheinbaren Helligkeit und der Entfernung einer Lichtquelle ihre wahre Helligkeit berechnen kann, so ist es unmittelbar klar, daß wir umgekehrt, wie im vorliegenden Falle, aus der Kenntnis der wahren (absoluten) Helligkeit und der scheinbaren — die natürlich direkt beobachtet werden kann — die Entfernung des Sternes rechnen können. Außer *Kohlenschütter* und *Adams* haben *Harper, Young, Rimmer, G. Abetti* u. a. mit dieser Methode erfolgreich gearbeitet. *Lindblad* hat durch photometrischen Vergleich der sog. Cyanbänder mit den spektralen Nachbargebieten die Anwendbarkeit der Methode wesentlich erweitert.

10. Unter den Sternen mit veränderlicher Helligkeit (Variable, Veränderliche) haben wir im vorhergehenden Abschnitt eine Klasse kennen gelernt, die nach ihrem Hauptvertreter, Delta Cephei, Cepheiden genannt wird. *Miß Leavitt* konnte nun feststellen, daß zwischen der Periode der Helligkeitsschwankung eines Cepheiden und seiner wahren Helligkeit ein bestimmter Zusammenhang vorhanden ist, der uns instand setzt, die wahre Helligkeit des Sternes zu berechnen, sobald die Periode des Lichtwechsels durch Beobachtungen ermittelt wurde.

Wenn wir nun — genau so wie im Falle 9 — auch seine scheinbare Helligkeit beobachten, so können wir wieder die Entfernung eines solchen Sternes berechnen.

11. Man hat guten Grund, anzunehmen, daß die kugelförmigen Sternhaufen im großen und ganzen einen gleichgearteten Aufbau haben; es kommen zwar Sterne von sehr verschiedener wahrer Helligkeit vor, es besitzen aber die hellsten Sterne der einzelnen Haufen alle ungefähr dieselbe wahre Leuchtkraft. Auf diese Weise steht uns ein einfaches Mittel zur Verfügung, die Entfernung abzuschätzen, und zwar dadurch, daß wir die scheinbaren Helligkeiten der hellsten Sterne in den verschiedenen Kugelhaufen miteinander vergleichen (vgl. Punkt 7).

12. Man hat sogar vermutet, daß die Ähnlichkeit der einzelnen kugelförmigen Sternhaufen noch viel weitgehender ist: Es finden sich nämlich Anzeichen dafür, daß diese Gebilde in bezug auf Größe und Zusammensetzung einander sehr ähnlich sind. Trifft dies tatsächlich zu, so könnten wir die Entfernung eines Kugelhaufens sowohl aus seinem Durchmesser, wie aus seiner scheinbaren Gesamthelligkeit, wenigstens schätzungsweise, ermitteln.

Das Weltbild von *Shapley*.

Shapley hat nun mit Hilfe all des Rüstzeuges, das die moderne Stellarastronomie zur Verfügung stellt, in einer Reihe von Abhandlungen das Problem der großen und größten Entfernungen im Milchstraßensystem angegangen. Der Ausgangspunkt seiner Untersuchungen war die schon seit längerer Zeit feststehende Beobachtungstatsache (*Hinks*), daß die kugelförmigen Sternhaufen gegen das Sternbild des Schützen hin eine starke Konzentration zeigen. Die Entfernungsbestimmungen, die nun *Shapley* mit Hilfe der verschiedensten oben angedeuteten Methoden ausführte, ergaben für die Kugelhaufen ein System von so gewaltigen Dimensionen, daß demgegenüber das in den älteren Untersuchungen näher behandelte System der uns in allen Richtungen umgebenden einzelnen Sterne zu einem kleinen, nur untergeordneten System zusammengeschrumpft ist. Nach *Shapley* befinden sich die entferntesten kugelförmigen Sternhaufen in einem Abstand von uns von über 70 000 Parsec. Das System der Kugelhaufen hat ebenso wie unser — wie wir jetzt sagen müssen — kleines Sternsystem eine linsenförmige, nur nicht so stark abgeplattete Gestalt. Die Symmetrieebene des großen Systems fällt nahezu mit der des kleinen zusammen.

In dem großen galaktischen System der kugelförmigen Sternhaufen, dessen Durchmesser *Shapley* zu 100 000 Parsec angibt, ist unser Sternsystem, das wir früher so stolz unser Milchstraßensystem genannt hatten, nunmehr eine verhältnismäßig kleine Sternwolke geworden, die sich weit außerhalb des Zentrums des großen galaktischen Systems befindet.

Für die auffallenden Gebilde des südlichen Himmels, die große und kleine Magellansche Wolke, hat *Shapley* eine vorläufige Schätzung der Entfernung vorgenommen und sie zu 35 000 bzw. 25 000 Parsec veranschlagt. Sie liegen also innerhalb des Systems der Kugelhaufen. Der Durchmesser dieser Wolken ist bedeutend und wird von *Shapley* zu 4400 bzw. 1600 Parsec angesetzt. Besonderes Interesse verdienen *Shapleys* Angaben über die lichtschwache Gruppe von Sternen und Nebeln, die als NGC 6822 bekannt ist. Der äußere Anblick erinnert an die Gestalt der Magellanschen Wolken. Unter Zuhilfenahme verschiedener oben angedeuteter Methoden gelangt *Shapley* zu im großen und ganzen übereinstimmenden Resultaten für die Entfernung des NGC 6822. Es ergibt sich der ungeheure Wert von 300 000 Parsec. Hier hätten wir also ein Gebilde vor uns, das v i e r m a l w e i t e r v o n u n s w e g i s t a l s d i e e n t-f e r n t e s t e n K u g e l h a u f e n und demnach bereits außerhalb des großen galaktischen Systems gelegen wäre.

Das Problem der Spiralnebel.

Damit ist auch das Problem aufgeworfen, was sich außerhalb des galaktischen Systems befindet. Es handelt sich hier vor allem um die Einordnung der Spiralnebel (Abb. 29, 30), von denen wir — im Gegensatze zu der bescheidenen Anzahl von 90 Kugelhaufen — weit über eine halbe Million Vertreter kennen. Sind diese Spiralnebel dem Milchstraßensystem und untereinander gleichgeartete Systeme? Daß sie sich in sehr großer Entfernung von uns befinden, darüber besteht kein Zweifel. Ob sie aber wirklich Systeme von ebensolchen Dimensionen sind wie das große galaktische System, das ist eine Frage, deren Lösung noch der Zukunft vorbehalten bleiben muß.

Abb. 30. Spiralnebel (M 51) in den Jagdhunden. Aufnahme der Mt.-Wïlson-Sternwarte mit dem $1^1/_2$-m-Spiegelteleskop.

Der physikalisch-chemische Zustand und die Entwicklungsgeschichte der Fixsterne.

Die Sternentwicklung.

Wir unterscheiden weiße Sterne, gelbe und rote und — natürlich — auch „dunkle" Sterne. Die weißen Sterne besitzen die höchsten Temperaturen, die dunklen die tiefsten. Die Sterntypen stellen also eine Temperaturskala dar (vgl. die Tabelle auf S. 56). In der *Lane-Ritter*schen Theorie einer kugelförmigen Gasmasse, die Wärme ausstrahlt und aus dieser Ursache sich zusammenzieht, lag eigentlich bereits im Kerne der ganze moderne Gedankengang, die sich im Laufe der Zeit nur schwer durchsetzen konnte: Die Sterne beginnen als gewaltige Gasmassen von äußerst geringer Dichte und verhältnismäßig tiefer Temperatur (rote Sterne). Die Wärmeausstrahlung bewirkt eine Zusammenziehung, die Zusammenziehung erzeugt wieder Wärme, und zwar, was das Interessanteste ist, mehr Wärme, als ausgestrahlt wird. Die Temperatur steigt. Die Ausstrahlung setzt sich fort, gleichfalls auch die Zusammenziehung, der Stern wird gelb und dann schließlich weiß. Nun ist er bereits so weit zusammengeschrumpft (große Dichte), daß die Zusammenziehung nur mehr in einem langsameren Tempo erfolgt, damit geht aber auch ein Rückgang in der Wärmeerzeugung Hand in Hand. Die Temperatur nimmt jetzt ab, der Stern zieht sich weiter zusammen, die Dichte wächst beständig. Das Gestirn wird nun wieder gelb, dann rot und schließlich verlöscht es.

Das war in den Hauptzügen die Theorie. Heutzutage wissen wir, daß die durch Zusammenziehung erzeugte Wärme nicht hinreichend ist, um den geschilderten Prozeß aufrechtzuerhalten, dazu bedarf es noch anderer Wärmequellen. Das Prinzipielle der obigen Überlegungen wird aber dadurch nicht geändert, wenn wir nur voraussetzen, daß diese Wärmequellen der Masse der Sterne proportional sind.

Riesen und Zwerge.

Lockyer und *Ludendorff* waren die Vorkämpfer dieser Theorie und der endgültige Sieg wurde gewonnen, als *Hertzsprung* zeigen konnte, daß es unter den Sternen Riesen und Zwerge gibt, und zwar besonders ausgeprägt bei den roten Sternen, weniger bei den gelben, während bei den weißen eine solche Zweiteilung nicht auftritt.

Die Untersuchungen von Eddington.

Eddington behandelte das Problem von neuem. Er zeigte, daß die Theorie von *Lane* und *Ritter* eine wichtige Erscheinung zu berücksichtigen vergessen hatte, nämlich den Strahlungsdruck: wo es Licht- und Wärmestrahlung gibt, dort gibt es auch einen Druck, der von der Strahlung ausgeübt wird. Nun ist ein Stern im Innern am heißesten, die Wärmestrahlung ist also nach außen hin gerichtet. Es wirkt demgemäß der Gravitation, die den Stern zusammenhält, eine andere Kraft entgegen, die ihn sprengen will.

Die Untersuchungen über die Massen der Sterne haben ergeben, daß kein einziger Stern bekannt ist, dessen Masse kleiner wäre als ein Zehntel der Sonnenmasse und wiederum keiner, dessen Masse mehrere hundertmal größer wäre als jene der Sonne. Die Massen der Sterne sind also einander sehr ähnlich. Mit der Größe der Sterne hat dies aber nichts zu tun: Dieselbe Sternmasse kann in einem großen Volumen (Riesenstern) oder in kleinem Volumen (Zwergstern) eingeschlossen sein, je nach der auf dem Gestirne herrschenden Dichte. Diese Verhältnisse erschienen sehr eigentümlich.

Nun zeigte *Eddington* aber: Die u n t e r e Grenze für die Sternmasse ist eine natürliche. Ist ein Stern nämlich von sehr kleiner Masse, so kann er sich nicht soviel Wärme verschaffen, als er zum Leuchten notwendig hat. *Eddington* wies aber auch nach, daß die o b e r e Grenze eine natürliche ist: Wenn ein Stern nämlich eine solche Temperatur erreicht, daß die Intensität des Strahlungsdruckes jener der Gravitation sich nähert — und das muß bei einem Stern mit großer Masse allmählich der Fall werden — so wird der Stern gesprengt, oder vielleicht richtiger gesagt, abgeschält. Die Zahlen, die *Eddington* aus seiner Theorie erhielt, stimmten mit den Beobachtungstatsachen überein, und so fand sich nichts Merkwürdiges mehr. Das Studium dieser Probleme wird z. Z. auch von anderen Forschern *(Milne, v. Zeipel, Jeans)* intensiv betrieben.

Über die Durchmesser der Fixsterne.

Eddingtons Theorie fordert also — und erklärt — die Existenz von Riesen- und Zwergsternen. Ein Stern einer gewissen Spektralklasse besitzt nun eine bestimmte Helligkeit pro Flächeneinheit. Kenne ich aber die Parallaxe und die s c h e i n b a r e Helligkeit, so kann ich aus diesen die wahre (Gesamt-) Helligkeit berechnen. Weiß ich nun also sowohl, wieviel ein Stern insgesamt ausstrahlt, als auch, wie groß seine Lichtintensität ist (Strahlung der Flächeneinheit), so folgt daraus die Größe der Oberfläche und damit der Durchmesser des Sternes. Das läßt sich also errechnen. So haben die Astronomen u. a. rechnerisch festgestellt, daß Betelgeuze, der helle rote Stern im Orion, ein Riesenstern sein müsse (*Wilsing, Russell*). Kann man aber — zur Kontrolle — den Durchmesser der Betelgeuze direkt messen?

Michelson fand hierzu eine Methode, eine Interferenzmethode. Die Methode wurde auf der Mt.-Wilson-Sternwarte geprüft und die Antwort war: Ja, Betelgeuze ist ein Riese; versetzen wir diesen Stern in die Mitte des Sonnensystems, so reicht seine Oberfläche über die Erdbahn hinaus. Bald folgten Durchmesserbestimmungen anderer Riesensterne. Antares im Skorpion z. B. erwies sich als noch bedeutend größer, sein Durchmesser übertrifft sogar den der Marsbahn.

Über das Vorkommen der verschiedenen Grundstoffe in den Fixsternen.

Heute zweifelt wohl kaum jemand, daß die einzelnen Fixsterne aus gleicher Art von Material aufgebaut sind.

In unserer Sonne haben wir ungefähr die Hälfte der Stoffe gefunden, die wir hier auf Erden kennen. Daß nicht mehr gefunden werden konnten, liegt darin, daß die diesen Elementen zugehörigen Spektrallinien nicht in dem der Beobachtung zugänglichen Spektralbereiche gelegen sind (z. B. im ultravioletten Teile) oder darin, daß sie überhaupt wegen der auf der Sonne herrschenden Temperatur- bzw. Druckverhältnisse nicht auftreten können.

Und die fremden Fixsterne? Die gebräuchliche Einteilung der Fixsterne in Spektralklassen nach der Harvardskala ist auf die Tatsache gegründet, daß die Linien gewisser Elemente eine andere Intensität aufweisen, wenn wir die

Klassen der Reihe nach durchlaufen. Zwei Beispiele mögen
dies erläutern: Betrachten wir in Abb. 31 die Spektrenfolge

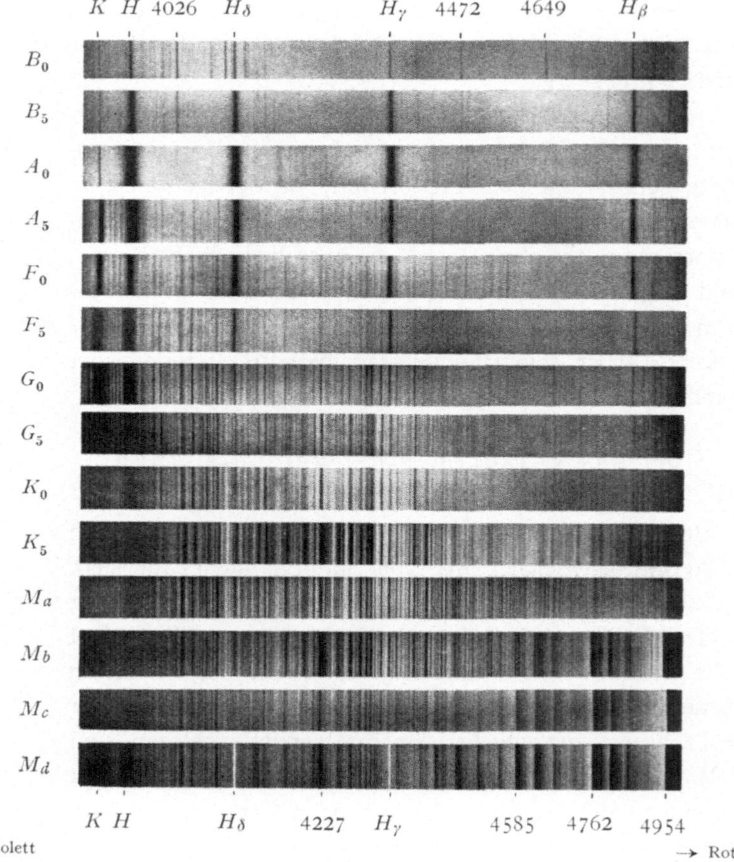

Abb. 31. Die wichtigsten Spektralklassen der Fixsterne nach
photographischen Aufnahmen der Detroit-Sternwarte.

im Sinne *M, K, G, F, A, B*, also von den kühlen zu den
heißen Sternen, so sehen wir deutlich, wie die Wasserstoff-

linien H_β, H_γ, H_δ gegen die heißen Sterne zu ständig kräftiger werden. Wir beobachten beim Typus A_0 ein ausgesprochenes Maximum der Intensität; dann werden diese Linien bei den Klassen B_5 und B_0 wieder schwächer. Sehen wir uns andererseits die Linie λ 4227 des Calcium an, so bemerken wir, daß sie bei den kühlen roten Sternen bereits in vollster Stärke beginnt. Wir können aber in der Abb. 31 verfolgen, wie die Intensität ständig abnimmt, je weiter wir zu den heißeren Klassen fortschreiten; bei der Klasse A_0 ist die Linie schließlich nicht mehr zu erkennen.

Die Theorie von Saha und ihre Anwendungen.

Was mag nun die Ursache für diese Erscheinung sein? Der indische Astrophysiker *Megh Nad Saha* hat in letzter Zeit, gestützt auf die Ergebnisse der modernen Atomtheorie, dafür eine Erklärung zu geben gewußt[1]). Nach *Saha* haben *R. H. Fowler*, *Milne* und *Russell* dieses Problem weiter studiert. Die heutige Physik unterscheidet bei jedem Element Spektrallinien des neutralen Atoms (das Atom, das alle ihm zugehörigen Elektronen besitzt) und solche des ionisierten Atoms (jenes Atoms, dem durch äußere Einflüsse ein Elektron abhanden gekommen ist). Das Eintreten der Ionisation wird nun durch höhere Temperatur gefördert. Bei höherer Temperatur werden also bei einer Gasmasse (einem Stern) mehr Atome ionisiert

---

[1]) Eine ausfuhrlichere populare Darstellung dieses Gebietes geben folgende Aufsatze:

Walter E. Bernheimer, Über die Vorgange im Atominnern und deren Beziehungen zur Physik der Sterne. — Astronomischer Kalender für 1924 — Gerold, Wien.

G. Schnauder, Über die Deutung der Harvardskala nach der Theorie von Saha. Zeitschrift „Die Sterne", 3. Jahrg., Heft 4.— Potsdam.

7*

sein; die Spektrallinien der neutralen Atome eines Elementes erscheinen dann demgemäß weniger intensiv, während die Linien der ionisierten Atome entsprechend kräftiger auftreten als bei einem kühleren Stern.

Damit lassen sich nun die Unterschiede der Harvardklassen erklären: Wie nämlich mit zunehmender Temperatur — von M bis zum Typus B — die Ionisation in der Atmosphäre der Sterne fortschreitet, verschwinden gewisse Linien und andere — nämlich die der ionisierten Atome — kommen neu hinzu.

Es ist daher nicht berechtigt, aus dem äußeren Bild des Spektrums die A-Sterne z. B. als Wasserstoff-, die B-Sterne als Heliumsterne anzusprechen, wie man es früher vielfach getan hat; die Zusammensetzung der Sterne ist im Gegenteil immer die gleiche, die Sternenwelt ist einheitlich aufgebaut.

Demnach sollten also auch auf der Sonne alle Elemente, die wir kennen, vorkommen. Wie oben angedeutet, hat man sie nicht alle auf der Sonne finden können. So fehlten z. B. die Linien des neutralen Rubidium. Warum? Weil Rubidium bei 6000° schon ionisiert ist. Nach der Theorie von *Saha* müßten aber die kühleren Sonnenflecken diese Linien zeigen. *Russell* hat daraufhin die Spektra der Flecken untersucht und richtig — die Rubidiumlinien waren da!

Doch damit noch nicht genug. Aus den Untersuchungen der Physiker geht hervor, daß die Intensität der Spektrallinien nicht nur von der Tenperatur, sondern auch von der dort herrschenden Dichte (Druck) abhängt. In einer Gasmasse wächst nämlich die Ionisation auch bei abnehmendem Drucke und gleichbleibender Temperatur. Darin liegt unter anderem auch eine Erklärung

des *Kohlschütter - Adams -* Phänomens (vgl. S. 89). Es besagt ja, daß die wahre (absolute) Gesamthelligkeit zweier
Sterne von gleichem Spektraltypus — demnach auch gleicher
Temperatur — eines Riesen mit geringer Dichte und eines
Zwerges mit großer Dichte dadurch herausgefunden werden
kann, daß die Intensitätsunterschiede gewisser Spektrallinien gemessen werden. Aus der Theorie *Sahas* können wir
nun verstehen, wie diese Intensitätsunterschiede durch die
bei den herrschenden Druckverschiedenheiten ungleich ein-
tretende Ionisation bedingt sein können.

Abschließende Betrachtungen.

Die Beziehungen der Astronomie zu den anderen Wissenschaften.

Das Forschungsgebiet der modernen Astronomie ist vielseitig und ausgedehnt; die Methoden, die zur Anwendung gelangen, sind sowohl aus der Mathematik wie aus nahezu allen Zweigen der exakten Naturwissenschaften geschöpft.

Die höhere mathematische Analyse und die rationelle Mechanik liefern die Waffen, mit denen die Himmelsmechanik ihre Siege gewinnt. Nach den Gesetzen der Optik sind die Refraktoren und Spiegelteleskope, die Spektralapparate und Photometer gebaut. Aus der Photochemie holt die Astronomie ihre photographischen Untersuchungsmethoden. Die mechanische Wärmetheorie, die kinetische Gastheorie und die moderne Atomtheorie bilden die Grundlagen für die Theorien vom Zustand der Fixsterne und deren Entwicklungsgeschichte.

Für all die zahlreichen Probleme auf dem Gebiete der numerischen Rechnung, die bei der Bearbeitung der theoretischen Ergebnisse auftreten, die sich aus dem Beobachtungsmaterial der Astronomen ergeben, finden jene Gebiete der Wissenschaft Anwendung — ja sind zum Teil durch die Astronomie sogar erst geschaffen worden — welche Interpolationsrechnung (mit „numerischer Integration“) und Theorie beobachteter Zahlen genannt werden.

Ausblick in die Zukunft der Astronomie.

Die Zukunft der Astronomie? Diese kann ebensowenig wie irgend etwas anderes mit Sicherheit vorausgesagt werden. Aber eine Richtlinie ist deutlich vorgezeichnet: Es gilt, in Zukunft fortgesetzt ein großes Beobachtungsmaterial von Eigenbewegungen, Radialgeschwindigkeiten, Spektren und Helligkeiten zu sammeln, und zwar für so schwache Sterne wie nur möglich.

Die Zusammenarbeit mit der Physik wird, nach allen Anzeichen zu schließen, immer enger und vertrauter werden und die Zeit ist voraussichtlich nicht mehr fern, da die Astronomie imstande sein wird, der Physik die Dienste zu vergelten, die ihr bisher von dieser Wissenschaft zuteil geworden sind. In den Fixsternen besitzen ja die Astronomen die Möglichkeit zur Ausführung physikalischer „Experimente", die in Hinsicht auf Druck- und Temperaturverhältnisse unter solchen Bedingungen vor sich gehen, wie sie den Physikern auf Erden vielleicht niemals zur Verfügung stehen werden. Freilich kann der Astronom in einem Sterne nicht nach Belieben Masse, Temperatur und Druck verändern, wie er es bei irdischen Experimenten tun würde. Dafür steht ihm aber in den Sternspektren eine so unübersehbar große Anzahl verschiedener Kombinationsmöglichkeiten zu Diensten, daß das Resultat dasselbe wird.

Die Mathematiker haben im Laufe der Zeit viele ihrer besten Anregungen aus dem Studium der Bewegungen der Himmelskörper geholt. Es besteht nun wohl kein Zweifel, daß wir in *Eddingtons* und *Sahas* Theorien die Vorläufer zu jener neuen Zeit sehen können, in der Atomtheoretiker und Spektralanalytiker ihre „Experimente" zum Teil auf den Sternhimmel verlegen werden!

Und damit sind wir an dem Schluß unserer Darstellung angelangt. Eine vollständige Übersicht über die gesamten astronomischen Kenntnisse unserer Zeit geben zu wollen, lag dem Verfasser fern, und von dem Altbekannten ist vieles weggelassen worden, was in anderen Büchern zu finden ist. Wir haben uns einfach die Aufgabe gestellt, in diesem kleinen Werke eine Andeutung der wichtigsten modernen astronomischen Arbeitsmethoden zu geben und somit den Versuch zu machen, einen Leserkreis, der ohne astronomische Vorkenntnisse an das Studium des Buches geht, in den Geist moderner astronomischer Forschung einzuführen. Wenn dies gelungen sein sollte, werden unsere Leser schon von selbst dafür sorgen, ihre neuerworbenen Kenntnisse durch das Studium größerer Werke zu erweitern und zu befestigen.

Anhang.

Astronomische Gesellschaften und Zeitschriften.

Seit Anfang des 19. Jahrhunderts ist eine ganze Reihe von astronomischen Gesellschaften und Vereinigungen gegründet worden, die zum Teil der Organisation wissenschaftlich-astronomischer Arbeiten dienen, zum Teil dafür geschaffen wurden, um die Ergebnisse der Wissenschaft zu popularisieren und in weitere Kreise zu verbreiten.

Die wichtigsten astronomischen Gesellschaften mit wissenschaftlichem Programm sind: Die Astronomische Gesellschaft, Royal Astronomical Society, American Astronomical Society und Società Astronomica Italiana. In den letzten Jahren wurde von den Astronomen in den alliierten Ländern die Union Astronomique Internationale gegründet.

Von Gesellschaften mit halb wissenschaftlichem, halb populärem Programm sei genannt: The Astronomical Society of the Pacific; von den Vereinigungen zur Popularisierung der Astronomie: In Deutschland Der Bund der Sternfreunde, Gedelia und Vereinigung von Freunden der Astronomie und kosmischen Physik; in Frankreich Société Astronomique de France; in England British Astronomical Association; in Belgien Société Belge d'Astronomie und Société d'Astronomie d'Anvers; in Skandinavien Astronomisk Selskab und Svenska Astronomiska Sällskapet; in Canada The Royal Astronomical Society of Canada; in Österreich Verein Freunde der Himmelskunde.

Zum Teil im Zusammenhang mit diesen Gesellschaften gibt es eine große Anzahl von astronomischen Zeitschriften. Rein wissenschaftlicher Natur sind z. B. Astronomische Nachrichten (Kiel), Monthly Notices of the Royal Astronomical Society (London), Bulletin Astronomique (Paris), Vierteljahrsschrift der Astronomischen Gesellschaft (Leipzig), The Astrophysical Journal (Chicago), The Astronomical Journal (Albany), Astronomischer Jahresbericht (Berlin-Dahlem) und Journal des Observateurs (Marseille).

Halb oder völlig populär sind u. a.: Popular Astronomy (Northfield), Publications of the Astr. Soc. of the Pacific (S. Francisco), Sirius (Leipzig), Die Sterne (Potsdam), Die Himmelswelt und das Weltall (Berlin), l'Astronomie (Paris), The Journal of the British Astronomical Association (London), The Observatory (London), Ciel et Terre (Brüssel), Gazette astronomique (Antwerpen), Nordisk Astronomisk Tidsskrift (Kopenhagen, Helsingfors, Oslo, Upsala), Populär Astronomisk Tidskrift (Stockholm) und The Journal of the Royal Astr. Society of Canada.

Zur eingehenden Orientierung über die Zweige der Astronomie, die zum größten Teil ohne Anwendung mathematischer Hilfsmittel studiert werden können, sei vor allen anderen Werken empfohlen: Newcomb-Engelmanns Populäre Astronomie (Leipzig-Engelmann 7. Auflage). Eine Einleitung zum Studium der modernen stellarastronomischen Probleme findet man in der Schrift des Verfassers: Astronomische Miniaturen (Berlin, Julius Springer).

Druck der Spamerschen Buchdruckerei in Leipzig.